致密砂岩气开发机理
研究与应用

Research and Application of Tight
Sandstone Gas Development Mechanism

李熙喆 胡 勇 徐 轩 焦春艳 等 著

科学出版社

北 京

内 容 简 介

本书总结了致密砂岩气开发机理研究进展及经验认识,主要包括致密砂岩气开发实验技术、岩石微观孔喉结构与物性特征、气驱水动力充注含气饱和度实验测试、气水渗流机理、产水规律预测、储量可动用性评价等。这些实践经验和技术成果总结为揭示致密砂岩气藏开发规律和提高气藏开发效果奠定了理论基础,同时对于其他类型气藏开发也具有一定借鉴作用。

本书可供从事致密砂岩气地质、开发和基础研究的工作人员,以及相关院校的师生学习参考和借鉴。

图书在版编目(CIP)数据

致密砂岩气开发机理研究与应用 = Research and Application of Tight Sandstone Gas Development Mechanism / 李熙喆等著. —北京:科学出版社,2021.3

ISBN 978-7-03-066941-4

Ⅰ. ①致⋯ Ⅱ. ①李⋯ Ⅲ. ①致密砂岩–砂岩油气藏–油气田开发–研究 Ⅳ. ①P618.130.8 ②TE343

中国版本图书馆 CIP 数据核字(2020)第 228598 号

责任编辑:万群霞 冯晓利 / 责任校对:邹慧卿
责任印制:师艳茹 / 封面设计:无极书装

科学出版社 出版
北京东黄城根北街 16 号
邮政编码:100717
http://www.sciencep.com

北京九天鸿程印刷有限责任公司 印刷
科学出版社发行 各地新华书店经销

*

2021 年 3 月第 一 版 开本:787×1092 1/16
2021 年 3 月第一次印刷 印张:10 1/2
字数:246 000
定价:198.00 元
(如有印装质量问题,我社负责调换)

作 者 简 介

李熙喆 男，1966 年生，博士、教授级高级工程师；中国科学院大学、中国科技大学、中国石油勘探开发研究院博士生导师；主持或参与国家级、省部级及油气田项目等 40 余项；在低渗致密气藏、超深层大气田和页岩气藏等开发领域具有丰富的研究实践经验和科研管理经验；获省部级奖 15 项，发表论文 100 余篇（其中 SCI/EI 收录 40 篇），出版专著 3 部，获授权发明专利 11 件，制定国家标准 1 项。
联系邮箱：lxz69@petrochina.com.cn。

胡勇 男，1978 年生，博士、高级工程师，现为中国科学院大学和中国石油勘探开发研究院硕士生导师；主要从事复杂气藏开发基础理论与生产应用研究；先后完成国家级、省部级及油气田项目 20 余项；获省部级奖 7 项；发表论文 40 余篇（被 SCI/EI 收录 20 篇），获授权国家发明专利 11 件，软件著作权 3 件。
联系邮箱：huy69@petrochina.com.cn。

徐轩 男，1984 年生，博士、高级工程师；主要从事气藏开发机理与生产应用研究；完成国家级、省部级及油气田项目 20 余项，主持国家自然科学基金项目 1 项；获省部级奖 7 项，发表论文 30 余篇（SCI/EI 收录 16 篇），获授权国家发明专利 11 件。
联系邮箱：xuxuan69 @petrochina.com.cn。

焦春艳 女，1984 年生，博士、高级工程师；主要从事气藏开发机理及气水渗流规律方面的研究；完成国家级、省部级及油气田项目 10 余项，获省部级奖励 3 项；发表论文 20 余篇（被 SCI/EI 收录 12 篇），软件著作权 3 件。
联系邮箱：jiaochunyan69 @petrochina.com.cn。

前　言

针对致密砂岩气开发机理研究难题，以实验方法、装置及技术创新为突破口，建立了以"岩石物性、气水渗流和开采模拟"三大模块的 30 台(套)设备为核心的天然气开发实验技术体系，系统研究揭示了鄂尔多斯盆地苏里格气田、四川盆地须家河组气藏等渗流及开发规律，应用于气田开发优化，为提高气藏储量动用程度和采收率奠定了理论基础。

本书内容是笔者及项目组十余年来致力于致密砂岩气开发机理研究工作及经验认识的总结。全书共 7 章：第 1 章为致密砂岩气开发实验技术，重点介绍岩石物性、气水渗流和开采模拟实验评价方法及特色技术，由李熙喆、胡勇、万玉金等撰写；第 2 章为岩石微观孔喉结构与物性特征，重点阐述我国典型气藏储层岩石微观孔喉结构、岩石物性等，由胡勇、焦春艳、郭长敏等撰写；第 3 章为致密砂岩储层应力敏感性评价，重点研究地层条件下储层岩石孔隙度、渗透率及其在开发过程中的变化规律，采用物理模拟实验研究了应力敏感性对产能、储量动用的影响，由徐轩、郭长敏、罗瑞兰等撰写；第 4 章为气驱水动力充注含气饱和度实验研究，建立了储层含气饱和度测试实验方法，测试了不同物性储层气驱水动力充注含气饱和度大小，为储层含气性评价提供了依据，由胡勇、徐轩、焦春艳等撰写；第 5 章为致密砂岩气水择优渗流机理，揭示地层条件下微纳米孔喉中气水渗流特征，深化认识气藏开发机理，为揭示致密砂岩气藏开发规律和提高开发效果奠定了理论基础，由李熙喆、胡勇、万玉金等撰写；第 6 章为致密砂岩气开发过程中产水规律研究，揭示致密砂岩微观孔喉中气水赋存特征及开采过程中孔隙水可动性，为气藏产水特征预测提供依据，由焦春艳、郭振华、罗瑞兰等撰写；第 7 章为致密砂岩气储量动用规律研究，建立致密砂岩气储量可动用评价方法，揭示致密砂岩气储量动用特征等，由李熙喆、胡勇、刘晓华等撰写。

本书在撰写过程中得到了中国石油勘探开发研究院各级领导的关心与支持，在此表示诚挚的感谢！

由于水平有限，对一些实验现象的分析及规律的认识难免有不妥之处，恳请读者批评指正，并愿与君共勉，以促科学发展。

作　者

2020 年 8 月

目　　录

第1章　气藏开发实验技术

以一块岩石洞悉整个气藏是开发实验研究的主要目标，确定岩石物性、渗流通道、动静态力学等关键参数，为评估气藏储量、评价动用能力、揭示开发规律等提供指导是气藏开发机理研究的核心。

我国气藏类型复杂、埋藏深度变化大、地层温压条件差异大等特征给开发基础研究工作带来巨大挑战。笔者团队依托中国石油天然气集团有限公司天然气成藏与开发重点实验室，以实验方法、装置及技术创新为突破口，建立了以"岩石物性、气水渗流和开采模拟"三大模块的 30 台(套)设备为核心的天然气开发实验技术体系，已获授权国家发明专利 10 件[1-10]，为揭示复杂气藏储层渗流机理和开发规律提供了核心技术支撑。

1.1　岩石孔喉结构测试实验技术

本章介绍的岩石孔喉结构测试实验技术主要包括高压压汞[11]、铸体薄片[12]、恒速压汞等，测试不同孔渗岩心的孔喉大小及组成，建立岩石微观孔喉结构与物性关系图版，实现量化表征，为气藏开发机理研究奠定基础。

1.1.1　高压压汞

高压压汞实验方法测定岩石毛细管压力曲线的原理是汞对绝大多数造岩矿物都是非润湿的，如果对汞施加压力，当汞的压力大于孔隙喉道的毛细管压力时，汞就克服毛细管阻力进入孔隙。根据进入了汞的孔隙体积分数和对应压力，便能绘出毛细管压力曲线，依据毛细管压力计算公式及毛细管压力曲线可计算出孔喉大小及其分布。

1.1.2　铸体薄片

铸体薄片实验测试是将有色液态胶在真空加压下注入岩石孔隙空间，待液态胶固化后磨制成的岩石薄片。由于岩石孔隙被有色胶充填，故在显微镜下十分醒目，容易辨认，为研究岩石孔隙大小、分布及几何形态等提供了有效途径。铸体薄片鉴定内容为描述岩石的成分、结构和构造特征，统计相关组分的含量，确定岩石名称。

1.1.3　恒速压汞

1. 测试原理

在非常低的恒速进汞过程中，界面张力与接触角不变；汞进入每一个孔隙，都会引起弯月面形状的改变，从而引起系统毛细管压力的改变，记录此过程的压力与体积变化曲线，可以获得孔隙结构的信息。汞进入岩石孔隙的过程受喉道控制，依次由一个孔隙进入下一个孔隙，当汞突破喉道的限制进入孔隙体的瞬时，汞在孔隙空间内以极快的速度发生重新分布，从而产生一个压力降落，之后回升直至把整个孔隙填满，然后进入下一个孔隙，就可以得到此半径下的孔隙所占的体积。

恒速压汞的实验思想：在准静态进汞条件下，根据进汞端弯月面在经过不同的微观孔隙形状时发生的自然压力涨落来确定孔隙的微观结构。客观准确测定有着较高的技术要求：高精度的泵实现低速、恒定的进汞速度(0.00005mL/min)；高分辨的压力感应及采集设备(可以分辨0.001psi[①])；高性能计算机对每个实验需要记录30万~50万个数据点，并进行处理。

恒速压汞技术特点在于能够把喉道和孔道分辨开来，能够分别测得孔道半径分布和喉道半径分布，真正得到具有力学意义的孔喉比参数。除了能够得到常规的毛细管压力曲线外，还可以进一步分为喉道毛细管压力曲线和孔道毛细管压力曲线。

2. 主要参数及意义

(1)喉道半径分布：是对所有第一级喉道的统计分布结果，喉道半径根据杨氏方程计算第一级喉道对应的压力涨落的顶点压力得到。

(2)孔道半径分布：孔道半径的计算是将一个第一级喉道所控制的孔隙群落的体积按照球体积假设得到。

(3)孔喉比分布：每一个孔隙群落的第一级喉道半径和孔隙群落的半径之比。

1.1.4　岩石比表面及孔径分布

岩石表面分子存在剩余的表面自由场，气体分子与固体表面接触时，部分气体分子被吸附在固体表面上，当气体分子的热运动足以克服吸附剂表面自由场的位能时发生脱附，吸附与脱附速度相等时达到吸附平衡。当温度恒定时，吸附量是相对压力 P/P_0 的函数。吸附量可根据玻意耳-马里奥特定律计算。测得不同相对压力下的吸附量即可得到吸附等温线，由吸附等温线即可求得比表面和孔径分布[13]。

1.1.5　地层条件下毛细管压力-电阻率联测

1. 测试原理

将半渗透隔板和岩心用盐水 100%饱和，然后把隔板和岩心安装在电阻率夹持器

---

① 1psi=6.89476×10³Pa。

中，半渗透隔板具有相当细且均匀的孔径，在其最大压力下，只允许润湿相盐水通过而非润湿相气体不能通过，因此在没有超过半渗透隔板最大压力的试验过程中，作为非润湿相的气体不会窜出岩心。然后用围压泵对岩心夹持器衬套和管壁间的夹缝施加压力(模拟岩心在地下所承受的上覆岩层压力)，再从岩心夹持器进口端用氮气对岩心施加压力，氮气会把岩心孔隙中的盐水从岩心夹持器出口端驱替出来。施加的压力较低时，仅能驱替较粗孔隙中的液体；而随着进口压力的增加，越来越细孔径中的液体会被驱替出来。在一定的进口压力下，产出的液体逐渐变少，直到压力和产液量不变，达到平衡为止，此时就完成一个测量点的测试。逐步提高压力，并重复上述试验，直到进口压力达到半渗透隔板所能承受的最高压力为止(超出其最高压力时会发生气窜)。将各个测量点的压力和饱和度(即残留在岩心中的盐水占该岩心孔隙体积的百分数)整理成关系曲线，此即气/水毛细管压力曲线。在上述试验中，当每一试验点达到平衡时，用电阻率仪测量该饱和度下的电阻率，还可以得到电阻率和饱和度的关系曲线。

2. 主要参数及意义

地层条件下毛细管压力-电阻率联测的实验方法可在测定毛细管压力曲线的同时，测量岩石的电性参数、并可测量在驱替过程中的电阻率变化规律，用一块岩样可同时测出毛细管压力与含水饱和度的关系、岩石电阻率指数与含水饱和度的关系、地层因素与孔隙度的关系。毛细管压力与岩电分析参数的联测技术，可提高分析精度，并为油藏描述、研究孔隙结构对电性的影响提供了新的重要手段。

岩石岩电参数是指用于测井解释的阿奇经验公式中的特征参数。早在 1942 年，阿奇(Archie)通过实验研究，提出了以下著名的经验公式(称为阿奇公式)：

$$F = \frac{R_o}{R_w} = \frac{a}{\phi^m} \tag{1-1}$$

$$I = \frac{R_t}{R_o} = \frac{b}{S_w^n} \tag{1-2}$$

式中，F 为地层电阻率因素，简称地层因素，也称地层因数(formation factor)，主要用于地球物理测井中；I 为地层电阻率指数，也称为电阻增大系数；R_o 为岩样孔隙 100%饱和地层水的电阻率，$\Omega \cdot m$；R_w 为地层水的电阻率，$\Omega \cdot m$；R_t 为岩样含水饱和度为 S_w 时的电阻率，$\Omega \cdot m$；ϕ 为岩样有效孔隙度，小数；S_w 为岩样含水饱和度，小数；m 为与岩石孔隙结构有关的胶结系数，变化范围为 1.5~3；n 为饱和指数，与油、气、水在孔隙中分布状况有关，一般很接近于 2；a、b 均为与岩性有关的岩性系数。

对于纯砂岩来说，通常 $a=1$，$m=2$，$b=1$，$n=2$。不同储层的岩性、物性及含油、气、水的性质不同，孔隙结构、黏土胶结类型、黏土含量不同，其 a、m、b、n 值有所不同。

1.2 岩石物性参数测试实验技术

1.2.1 孔隙度

1. 测量原理

岩石孔隙度的测量方法很多，本书主要参见标准《岩心分析方法》(GB/T 29172—2012)[14]。气体孔隙度仪的测量原理基于玻意耳(Boyle)定律，此方法实验气体为氮气或者氦气。与氮气相比，氦气相对分子量低，可以进入更小的岩石孔隙中，故对于较致密的岩样，采用氦气测量的岩石孔隙度比氮气更精确。另外一种较常用的测孔隙度方法是液体饱和法，所使用的液体可以是煤油或者地层水(不能用蒸馏水、淡水，以防岩心遇水膨胀)。

2. 主要参数及意义

孔隙度是指岩石中孔隙体积与岩石总体积的比值。岩石的总孔隙体积包含连通孔隙体积(又称为有效孔隙体积)和不连通孔隙体积；连通孔隙体积又包含可流动的孔隙体积和不可流动的孔隙体积。

岩石的绝对孔隙度指岩石的总孔隙体积与岩石外表体积之比。

岩石的有效孔隙度是指岩石中有效孔隙的体积与岩石外表体积之比。计量储量和评价油气层特性时一般指有效孔隙度。

岩石的流动孔隙度是指在含油气的岩石中，可流动的孔隙体积与岩石外表体积之比。流动孔隙度与有效孔隙度不同，它既排除了死孔隙，又排除了微毛细管孔隙体积。流动孔隙度不是一个定值，因为它随地层中的压力梯度和液体的物理-化学性质而变化。在油气田开发中，流动孔隙度具有一定的实用价值。

覆压条件下的孔隙度是岩心处于一定的压力条件下测试的岩心孔隙度，由于储层中岩石受到压缩，所以常规孔隙度不能代表储层的真实孔隙度。可以通过测定储层压力条件下的孔隙度，从而还原孔隙度的真实值。通过测定不同压力条件下的孔隙度，还可以预测孔隙度随压力的变化趋势。

1.2.2 渗透率

1. 测试原理

常规岩心渗透率测试以稳态法为基础，即气流服从达西定律。在样品的进口施加一定的压力，待进出口压力维持不变时，气体的压力沿样品长度的分布呈稳定态，样品沿程各点的气体压力只随位移变化而不随时间变化，再按照达西公式计算其渗透率。

2. 主要参数及意义

渗透率的主要参数有克林肯贝格渗透率、渗透率(指定平均压力下的当量气体渗透率)、克林肯贝格滑脱系数 b、惯性系数。

气测渗透率时，由于气固间的分子作用力小，在管壁处的气体分子仍有部分处于运动状态；另一方面，相邻层的气体分子由于动量交换，连同管壁处的气体分子一起沿管壁方向作定向流动。管壁处流速不为零，形成了所谓的气体滑脱效应。克林肯贝格发现了气体在微细毛细管孔道中流动时的滑脱效应，故也称克林肯贝格效应。气体滑脱效应是气测渗透率与液测渗透率差别的原因。

同一岩石的气测渗透率值大于液测的岩石渗透率。液测时孔道壁上不流动的液膜占去了一部分流动通道。气测时由于气体滑动现象的存在，使得管壁处的气体也参与流动，与液测时相比岩石孔道提供了更大的孔隙流动空间，因此气测渗透率一般比液测渗透率大。由于气测时岩石整个孔道都是气体的流通空间，因此气测法测出岩石渗透率更能真实反映出岩石的渗透性。

平均压力越小，所测气测渗透率值 K_g 越大。平均压力的物理意义是指岩石孔隙中气体分子对单位管壁面积上的碰撞力，它取决于气体分子本身的动量和气体密度。平均压力越小，气体密度越小，气体分子间的相互碰撞就越少，这就使气体更易流动，"气体滑脱现象"也就越严重，因此测出的渗透率值大。反之，如果平均压力增大，气体滑动效应逐渐消失，则渗透率减小；如果压力增至无穷大，气体的流动性质已接近于液体的流动性质，气-固之间的作用力增大，管壁上的气膜逐渐趋于稳定，这时渗透率趋于一个常数 K_∞，它接近液测渗透率值，故又称为等效液体渗透率或克林肯贝格渗透率。

1941 年，克林肯贝格提出了考虑气体滑脱效应的气测渗透率数学表达式：

$$K_g = K_\infty \left(1 + \frac{b}{\overline{P}} \right) \tag{1-3}$$

式中，$\overline{P}$ 为岩心进出口平均压力，MPa，$\overline{P} = (P_1 + P_2)/2$；$b$ 为取决于气体性质和岩石孔隙结构的常数，称为滑脱因子或滑脱系数，MPa。

非达西流常称紊流，在气体高速流动时发生。惯性系数或紊流因子 β 可由 Forch-heimer 方程定义为

$$-\frac{dP}{dL} = \frac{\mu v}{K} + \beta \rho v^2 \tag{1-4}$$

式中，$\dfrac{dP}{dL}$ 为流压梯度，Pa/m；v 为渗流速度，m/s；μ 为流体黏度，Pa·s；K 为地层渗透率，m^2；ρ 为流体密度，kg/m^3；β 为惯性系数或紊流因子，惯性系数以长度的倒数

为单位，1/m。

1.2.3 地层压力条件下岩石渗透率测试

实验室采用岩心研究地层条件下渗透率需要考虑两方面因素。①钻井取心，岩石孔隙压力和上覆岩层压力均被释放，室内常规测试与地层条件有差异，实验测试时需要考虑这方面的影响。②气藏衰竭开采过程中，孔隙压力(P_t)下降打破了岩石受力平衡，岩石骨架承受应力增加引起形变，从而使岩石渗透率发生改变，目前对这一过程研究的方法和成果均有限。

气藏衰竭开采过程中，在井控储层范围内，近井区孔隙压力先下降，随着生产进行压降逐步向远井区波及直至有效渗流边界，在这个过程中，储层孔隙压力是时间和空间的变化函数，这种"时、空"变化导致储层岩石承受的应力发生"时、空"差异。

在时间上，从气井生产开始，储层孔隙压力即开始下降，下降的速度取决于储层物性、气井配产；在空间上，储层孔隙压力从近井向远井区逐步下降，压力波及范围逐步扩大直至储层非流动的物理边界。

1. 地层条件下岩石渗透率测试

地层条件下岩石渗透率测试方法参照常规渗透率测试方法，只是在测试过程中需要将围压加至上覆岩层压力。

测试方法可以参考《覆压下岩石孔隙度和渗透率测定方法》(SY-T 6385—2016)。

2. 气藏开发过程中岩石渗透率变化特征测试

气藏开发过程中岩石渗透率测试方法是将岩心恢复至地层上覆岩层压力和原始孔隙压力条件，模拟气藏衰竭开采，通过回压控制系统定量降低孔隙压力，对于每次降压后的稳定岩心进行气相渗透率测试，直至孔隙压力降至大气压，测得开发过程中储层渗透率随着孔隙压力下降发生变化的规律。

3. 实验装置

针对室内常规测试渗透率难以真实反映地层条件下气藏储层真实渗流能力这一技术难题，笔者团队采用钛合金材料，自主研发了地层压力条件下岩心渗透率测试装置(图1-1)，最大耐压为100MPa，渗透率下限测试至 $0.000001 \times 10^{-3} \mu m^2$，在常规实验测试基础上实现对地层条件下储层渗透率模拟测试，全面满足了复杂气藏储层物性测试需求。

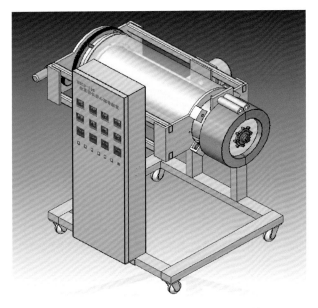

图 1-1　地层压力条件下岩心渗透率测试装置

1.2.4　岩石压缩系数

1. 测试原理

改变岩石净有效应力，造成孔隙体积变化，根据公式计算岩石压缩系数[15]。

2. 主要参数及意义

岩石压缩系数是指地层压力每降低单位压力时，单位视体积岩石中孔隙体积的缩小值。其公式为

$$C_{f} = \frac{1}{V_{b}} \frac{\Delta V_{p}}{\Delta P} \qquad (1\text{-}5)$$

式中，C_{f} 为岩石的压缩系数，MPa^{-1}；V_{b} 为岩石的视体积，cm^{3}；ΔP 为储层压力变化量，MPa；ΔV_{p} 为储层压力降低时孔隙体积缩小值，cm^{3}。

地层压力降低时孔隙体积缩小，形成一种驱动力，驱使储层孔隙内流体流向井底。因此，岩石压缩系数的大小代表岩石弹性驱替能力的大小，因而也称为岩石弹性压缩系数 C_{f}。

岩石压缩系数一般为 $2 \times 10^{-4} \sim 36 \times 10^{-4} MPa^{-1}$，异常高压油气藏岩石压缩系数要大些。欧美国家采用孔隙体积压缩系数 C_{p}，其定义为油层压力每产生单位压降时，单位孔隙体积岩石所产生的孔隙体积变化值，即

$$C_p = \frac{1}{V_p}\frac{\Delta V_p}{\Delta P} = -\frac{1}{V_p}\frac{\Delta V_p}{\Delta P_e} \qquad (1\text{-}6)$$

式中，V_p 为岩石孔隙体积，cm^3，由于 $V_p = V_b\phi$，所以有 $C_f = C_p\phi$；C_p 为孔隙体积压缩系数，MPa^{-1}；ΔP_e 为有效覆压变化量，MPa。

1.2.5　气、水饱和度

1. 测试方法

烘干法是测定气层气、水饱和度所特有的简易而准确的方法。从井中取出的岩心，首先称量湿重，然后进行烘干，称量干重。计算得到岩心中水的体积之后，除以岩心的孔隙体积就可以得到岩心含水饱和度，反求岩心含气饱和度[14]。

2. 主要参数及意义

流体饱和度是用来描述储层岩石孔隙中流体充满的程度，是评价油气藏储量的重要参数。因此，它与孔隙度、渗透率一起，被称为孔、渗、饱参数，用来评价储层的优劣。

当储层岩石孔隙中同时存在多种流体(原油、地层水或天然气)时，某种流体所占的体积分数称为该种流体的饱和度。流体饱和度定义为储层岩石孔隙中某一流体的体积与孔隙体积的比值，常用百分数或小数表示。用公式表示为

$$S_l = \frac{V_l}{V_p} = \frac{V_l}{\phi V_f} \qquad (1\text{-}7)$$

式中，V_l 为孔隙中流体的体积，cm^3；V_f 为岩石外表体积，cm^3；ϕ为孔隙度，小数；S_l 为流体饱和度，小数。

从成藏角度分析，岩石孔隙中最初饱和的是水，石油和天然气后期运移到这些孔隙中，并将孔隙中的大部分水驱替出来。受岩石孔隙结构复杂性、岩石-流体系统物理化学关系和油气水运移过程、次数等因素的影响，岩石孔隙中的水不可能被全部排驱干净。通常储层岩石孔隙中含有两种或两种以上流体，如油-水、水-气或油-气-水。

储层岩石孔隙中充满一种流体时，称为饱和了一种流体。当储层岩石孔隙中同时存在多种流体(原油、地层水或天然气)时，某种流体所占的体积分数称为该种流体的饱和度，分别为含油饱和度(S_o)、含水饱和度(S_w)、含气饱和度(S_g)。

根据饱和度的概念，S_o、S_w、S_g 三者之间有如下关系：

$$S_o + S_w + S_g = 1 \qquad (1\text{-}8)$$

1)原始含水饱和度、束缚水饱和度

气藏投入开发前，并非孔隙中 100%含气，而是一部分孔隙被水占据。所谓原始含水

饱和度(S_{wi})是气藏投入开发前储层岩石孔隙空间中原始含水体积 V_{wi} 和岩石孔隙体积 V_p 的比值。

大量现场取心分析表明，即使是纯油气藏，其储层内都会含有一定数量的不流动水，通常称之为束缚水。束缚水一般存在于砂粒表面、砂粒接触处角隅或微毛细管孔道中。束缚水的存在与气藏的形成过程有关：在水相中沉积的砂岩层，起初孔隙中完全充满水，在天然气运移、成藏过程中，由于毛细管作用和岩石颗粒表面对水的吸附作用，气不可能将水全部驱走，一些水残存下来，在气藏储层孔隙中形成束缚水。

不同气藏由于其岩石及流体性质不同、油气运移条件的差异，导致束缚水饱和度的大小差别很大，一般为 20%～50%。粗粒砂岩、粒状孔洞灰岩及所有大孔隙岩石的束缚水饱和度较低，而粉砂岩、含泥质较多的低渗砂岩的束缚水饱和度较高。

2）当前气、水饱和度

气田开发一段时间后，地层孔隙中含气、水饱和度称为当前含气、水饱和度，简称含气饱和度或含水饱和度。

1.2.6　可动水饱和度

1. 测试方法

一般采用核磁共振方法测定岩心中可动流体饱和度。利用氢原子核自身的磁性及其与外加磁场相互作用的原理，通过测量岩石孔隙流体中氢核核磁共振弛豫信号的幅度和弛豫速率建立 T_2 谱，进行岩石孔隙结构研究。单位样品核磁共振信号的强弱对应样品孔隙流体总量，而 T_2 弛豫时间的长短主要取决于岩石表面对孔隙流体作用力的强弱。孔隙越小，氢核与孔壁的碰撞概率越大，T_2 弛豫时间越短，反之越长，即 T_2 弛豫时间与储层孔喉半径对应。可见，核磁共振 T_2 谱反映的是储层孔喉半径及对应孔喉中流体体积的分布。从油层物理学可知，当孔隙半径小到一定程度后，孔隙中的流体将被毛细管力或黏滞力所束缚而无法流动，因此在 T_2 谱上就存在一个界限，当孔隙流体的 T_2 弛豫时间小于某一值(T_2 截止值)时，流体为不可动流体，反之为可动流体。核磁共振岩心分析技术通过对比模拟地层水饱和时样品的 T_2 谱和离心处理后的 T_2 谱，确定该样品的 T_2 截止值，计算可动流体饱和度和束缚流体饱和度[16]。

2. 主要参数及意义

致密砂岩储层原生水包含束缚水和可动水。束缚水赋存于微细孔喉及死孔隙内，在生产开发过程中无法运移；而可动水赋存在较大一些的孔喉或孔隙中，在一定的生产工艺或生产措施下可以运移并部分产出，对气井产能影响很大。可动水饱和度是指在气田开发过程中可以流动的水体积占孔隙体积分数。

1.3 气水渗流机理研究实验技术

1.3.1 常规气水相渗实验

1. 测试方法

相对渗透率和饱和度之间的关系曲线称为相对渗透率曲线(简称相渗曲线)。对于气藏开发来讲，主要研究的是气水相对渗透率[17]。

2. 相对渗透率曲线特征

典型气水相对渗透率曲线如图 1-2 所示，具有以下特征。

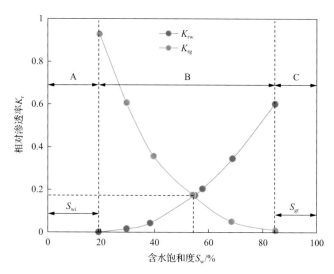

图 1-2　典型气水相对渗透率曲线

1) 三个区域

如图 1-2 所示的 A 区为单相气流区，只有单相气体流动，气相相对渗透率略低于 1。这一曲线特征是由岩石中气水分布和流动情况决定的。相对气相而言，水相是润湿相，大量水分布在岩石颗粒表面及细小的孔喉内，这些水处于非连续相，不能流动，为束缚水。

图 1-2 中的 B 区为气水共渗区，曲线特征表现为随含水饱和度 S_w 的逐渐增大，水相相对渗透率 K_{rw} 增加，而气相相对渗透率 K_{rg} 下降。从微观上看，当润湿相(水相)超过束缚水饱和度(S_{wi})之后，润湿相开始呈连续分布状态，在外加压力作用下开始流动。随着润湿相饱和度的增加，非润湿相(气相)饱和度减少，非润湿相相对渗透率下降。

随着润湿相饱和度的增加，润湿相占据了主要流动孔道，故其相对渗透率迅速增加。与此同时，气相作为非润湿相，不仅原来的流道被水占据，而且气相在流动过程中失去连续性，产生水锁效应，导致其相对渗透率下降。

　　另外，该区内由于气水同时流动，气水之间相互作用、相互干扰，由毛细管效应引起的流动阻力明显，因而气水两相相对渗透率之和($K_{rg}+K_{rw}$)会大大降低，并且在两条曲线的交点处会出现 $K_{rg}+K_{rw}$ 最小值。

　　图 1-2 中的 C 区为纯水流动区。非润湿相失去了宏观流动性，气相相对渗透率 $K_{rg}=0$；与此同时，润湿相占据了几乎所有的主要通道，非润湿相已失去连续性。

　　2) 四个特征点

　　相对渗透率曲线评价有四个特征点：束缚水饱和度 S_{wi} 点、残余气饱和度 S_{gr} 点、残余气饱和度下水相相对渗透率 K_{rw} 点及两条曲线的交点(称为等渗点)。

1.3.2　地层条件气水相对渗透率实验

　　测试方法与常规气水相对渗透率实验方法相同，只是测试条件需要考虑地层压力和温度条件。

1.3.3　水驱气实验

　　水驱气实验与气驱水实验是一个相反的过程，即首先将岩心内部饱和气体至一定压力，然后在一定驱替压差条件采用水驱替气，记录水、气产出状况，主要目的是研究边底水气藏开采过程中水体推进规律及其对开发的影响。

1.3.4　五敏实验

　　五敏实验测试方法参见文献[18]。

　　(1) 流速敏感性：因流体流动速度变化引起储层岩石中微粒运移从而堵塞喉道，导致储层岩石渗透率发生变化的现象。

　　(2) 水敏感性：较低矿化度的注入水进入储层后引起黏土膨胀、分散、运移，使渗流通道发生变化，导致储层岩石渗透率发生变化的现象。

　　(3) 盐度敏感性：一系列矿化度不同的盐水进入储层后，因流体矿化度发生变化引起黏土矿物膨胀或分散、运移，导致储层岩石渗透率发生变化的现象。

　　(4) 酸敏感性：酸液与储层矿物接触发生反应，产生沉淀或释放出颗粒，导致储层岩石渗透率发生变化的现象。

　　(5) 碱敏感性：碱性液体与储层矿物接触发生反应，产生沉淀或引起黏土分散、运移，导致储层岩石渗透率发生变化的现象。

1.4　气藏开发物理模拟实验技术

　　气藏开发物理模拟实验[19-23]是研究气藏开发规律的重要技术手段，通过单一岩心模型或岩心组合模型再现气藏复杂地质特征，考虑气藏实际地层压力、温度、气水饱和度等条件，采用定产量或定压差等方式模拟气井生产，测得瞬时产气量、累计产气量、瞬时产水量、累计产水量、地层压力等关键参数，为开发评价和规律认识提供技术支撑。

1.4.1　致密砂岩气藏储量动用评价物理模拟实验技术

结合气藏实际地质特征及生产需求，自主创建大型气藏开发物理模拟实验方法及装置，采用岩心夹持器定点部署测压孔(图 1-3)，实现对岩心内部孔隙压力实时动态检测，攻克常规实验只能测得端点压力而不能测得岩石内部压力剖面的技术难题，为气藏开采过程中储层压力场分布测试与准确计算提供关键技术支撑。主要通过物理模拟实验揭示不同渗透率储层基质供气能力及平面、纵向强非均质储层储量动用特征，明确致密砂岩气藏储量动用规律。

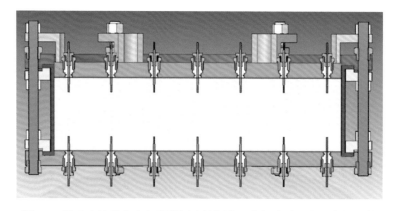

图 1-3　岩心夹持器定点部署测压孔检测岩心内部孔隙压力及变化规律

1.4.2　致密砂岩气藏衰竭开采过程中可动水评价物理模拟实验技术

针对目前气藏开发过程中储层可动水饱和度动态变化规律难以有效检测的技术难题，集成应用物理模拟、高压条件下核磁共振在线检测等技术，攻克了保压状态下可动水饱和度场实时动态检测与量化评价技术难题，突破了常规实验(称重法和常压条件下核磁共振法)只能卸压后静态测得平均含水饱和度的技术瓶颈，实现气藏开发过程中保压状态下可动水饱和度的实时动态检测，为气藏可动水量化评价、产水规律预测提供关键技术支撑。

本实验主要用到的设备包括高温高压条件下气水渗流核磁共振成像在线检测实验系统(图 1-4)、超级岩心离心机(图 1-5)、地层条件下 X 射线在线动态检测实验系统(图 1-6)等。

图 1-4　高温高压条件下气水渗流核磁共振成像在线检测实验系统

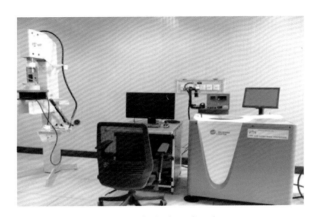

图 1-5　超级岩心离心机

图 1-6　地层条件下 X 射线在线动态检测实验系统

(1) 高温高压条件下气水渗流核磁共振成像在线检测实验系统是我国自主研发，首次实现在耐压 70MPa 下，岩石微观孔喉结构及流体赋存状态在线检测的实验系统，获取的参数有孔喉半径等的定量关系、岩心孔隙度、渗透率、孔径分布及含油气饱和度、页岩-煤含气量等。

(2) 超级岩心离心机实现了气藏地层条件 (最高温度 90℃，最大覆压 5000psi) 下岩心毛细管压力、饱和度系数 n、润湿性和相对渗透率等参数一体化测试。可以满足直径为

2.5cm 和 3.8cm 两种规格，一次可以离心三块岩心。与国内同类实验室相比配备了齐全的离心转子，实现覆压状态下离心实验检测。

(3)地层条件下 X 射线在线动态检测实验系统。地层条件下 X 射线在线动态检测实验系统满足温度为 100℃以内、压力为 70MPa 以内的岩心气、水流动实验。岩心直径分为 2.5cm 和 3.8cm 两种规格，岩心最大长度为 100cm，可以实现高压高温状态下岩石孔喉内气、水赋存状态在线动态量化检测，模拟气藏开发过程中气、水流动规律的在线模拟检测，为储层含气性评价、供气能力分析、气水饱和度分布及变化规律预测提供了关键支撑。

1.4.3　提高致密砂岩气采收率物理模拟实验方法

笔者团队自主设计研制一套性能指标先进、模型体系齐全的大型气藏开发物理模拟实验系统，建成一维最长 8m、二维最大 1m 见方、三维最多 8 层的大规模、多序列模拟技术和实验装置(图 1-7)，具有"自主研发、定量评价、智能控制、注重应用"四项特点。该系统攻克了大尺寸、多维度压力场及气水饱和度场实时检测技术瓶颈，实现了一维、二维、三维及组合大模型的开发模拟。其中，一维模型单个长度为 1m，串联组合长度为 8m，最高耐压为 100MPa；二维、三维大模型长 60cm、宽 60cm、高 3cm，耐压为 30MPa；组合模型可以实现平面非均质及纵向多层合采任意模拟。研发了在胶皮套上多通道测压孔部署，实现了对岩心内部孔隙压力多维度实时动态检测技术，发展形成了气水渗流启动压力测试与模拟计算新方法，实现了气藏开发过程中储层渗流场的多维度模拟再现，为气藏储量动用分析、气水饱和度分布测试及气水渗流边界确定提供了关键技术支撑。

图 1-7　大型气藏开发物理模拟实验系统

1. 井网加密优化提高气藏采收率物理模拟实验

采用全直径长岩心大型物理模拟实验(图 1-8)模拟研究不同井距条件对不同渗透率储层采收率的影响，针对实际气藏地质物性、含水饱和度及地层压力等条件，给出提高气藏采收率最优化井网密度，为最大限度提高气藏采收率提供指导。

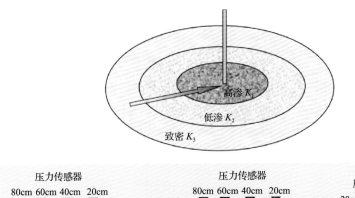

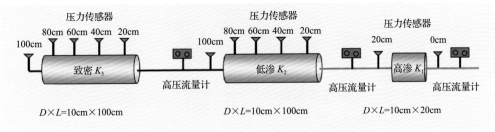

图 1-8　全直径长岩心大型物理模拟实验技术原理和流程图

D 为直径；L 为长度

2. 优化井网部署提高气藏采收率物理模拟实验

针对平面强非均质储层，采用大型物理模拟实验，通过岩心组合模拟再现砂体展布及叠置特征(图 1-9)，模拟研究高渗区单一布井或高低渗区复合均衡布井对气藏采收率的影响，为井网部署优化提高采收率奠定基础。

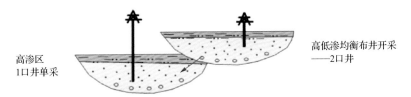

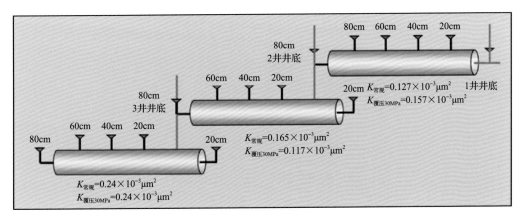

图 1-9　岩心组合模拟再现砂体展布及叠置特征

3. 优化多层合采提高气藏采收率物理模拟实验

该实验通过岩心并联组合模拟气藏纵向多层地质特征(图 1-10),开展衰竭开采物理模拟实验,评价多层合采时分层产量贡献、储量动用等关键指标,明确多层合采优化组合的储层条件,为优化层位组合,实现高低渗及高低压层均衡动用,提高气藏采收率提供依据。

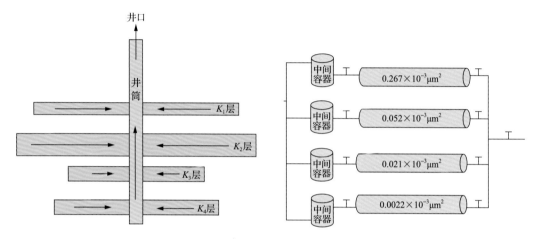

图 1-10 多层合采物理模拟实验方法

4. 优化气井配产提高气藏采收率物理模拟实验

不同渗透率储层在不同含水饱和度条件下供气能力差异显著,致密砂岩储层基质供气能力弱,通过物理模拟实验系统研究揭示配产大小对气藏采收率的影响,以提高气藏采收率为目标,考虑基质供气能力为原则确定气井最优配产方案。

5. 优化控水增气提高气藏采收率物理模拟实验

通过物理模拟实验模拟研究不同渗透率储层不同含水饱和度条件下,在气藏衰竭开采过程中的产水规律,明确气藏可动水产生的条件及其对气藏采收率的影响,建立可动水层判识方法,为优化控水增气提供依据。

第 2 章　岩石孔喉结构与物性特征

岩石孔喉结构特征、储层物性等是决定气藏储量品质和产能大小的关键因素。本章重点采用高压压汞及铸体薄片等实验技术，对我国鄂尔多斯盆地苏里格气田、四川盆地须家河组气藏、塔里木盆地迪那、大北、克深等气田岩石微观孔喉大小及组成特征开展了系统测试分析，建立了典型气田的微观孔喉特征与物性关系图版，为储层气水渗流机理研究奠定基础。

2.1　砂岩微观孔喉结构测试

2.1.1　高压压汞曲线

1. 曲线类型

采用高压压汞实验方法测试了不同渗透率砂岩毛细管压力，根据毛细管压力曲线形态及特征参数，如孔隙度、渗透率、排驱压力、孔喉半径等参数(表 2-1)，可以将毛细管压力曲线划分成六种类型。

表 2-1　典型砂岩毛细管压力曲线特征参数

类型	岩心数/块次	孔隙度/%			渗透率/10⁻³μm²			平均排驱压力/MPa	平均孔喉半径/μm	不同半径孔喉所占比例/%	
		最小	最大	平均	最小	最大	平均			≥0.1μm	<0.1μm
1	4	12.1	18.7	14.7	10.31	84.95	39.7	0.019	41.40	79.3	20.7
2	10	7.4	18.2	12.5	1.12	7.62	2.12	0.260	6.27	66.0	34.0
3	11	7.1	15.1	12.1	0.502	0.979	0.770	0.470	1.72	52.7	47.3
4	30	4.7	14.6	9.6	0.104	0.493	0.211	0.920	0.88	35.7	64.3
5	12	4.6	8.5	6.4	0.011	0.088	0.072	1.730	0.48	20.3	79.7
6	12	1.7	3.6	2.6	0.001	0.0064	0.005	5.250	0.095	8.0	92.0

(1) 类型 1(图 2-1)：孔隙度范围为 12.1%~18.7%，平均为 14.7%；渗透率为 $10.31 \times 10^{-3} \sim 84.95 \times 10^{-3} \mu m^2$，平均为 $39.7 \times 10^{-3} \mu m^2$；平均排驱压力为 0.019MPa；平均孔喉半径为 41.4μm，半径大于等于 0.1μm 的孔喉比例为 79.3%，半径小于 0.1μm 的孔喉比例为 20.7%。

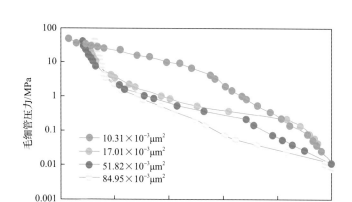

图 2-1   类型 1 的典型毛细管压力曲线

(2)类型 2(图 2-2):孔隙度范围为 7.4%~18.2%,平均为 12.5%;渗透率为 $1.12 \times 10^{-3} \sim 7.62 \times 10^{-3} \mu m^2$,平均为 $2.12 \times 10^{-3} \mu m^2$;平均排驱压力为 0.26MPa;平均孔喉半径为 6.27μm,半径不小于 0.1μm 的孔喉比例为 66.0%,半径小于 0.1μm 的孔喉比例为 34.0%。

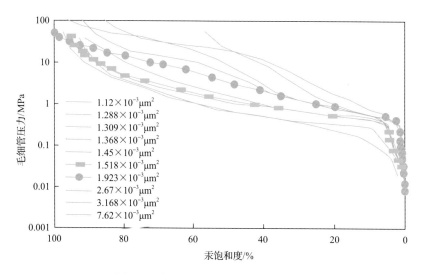

图 2-2   类型 2 的典型毛细管压力曲线

(3)类型 3(图 2-3):孔隙度范围为 7.1%~15.1%,平均为 12.1%;渗透率为 $0.502 \times 10^{-3} \sim 0.979 \times 10^{-3} \mu m^2$,平均为 $0.77 \times 10^{-3} \mu m^2$;平均排驱压力为 0.47MPa;平均孔喉半径为 1.72μm,半径大于等于 0.1μm 的孔喉比例为 52.7%,半径小于 0.1μm 的孔喉比例为 47.3%。

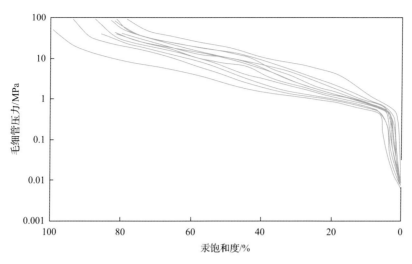

图 2-3 类型 3 的典型毛细管压力曲线

(4)类型 4(图 2-4):孔隙度范围为 4.7%~14.6%,平均为 9.6%;渗透率为 0.104×10^{-3}~0.493×$10^{-3}\mu m^2$,平均为 0.211×$10^{-3}\mu m^2$;平均排驱压力为 0.92MPa;平均孔喉半径为 0.88μm;半径大于等于 0.1μm 的孔喉比例为 35.7%,半径小于 0.1μm 的孔喉比例为 64.3%。

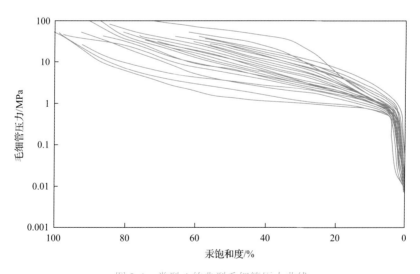

图 2-4 类型 4 的典型毛细管压力曲线

(5)类型 5(图 2-5):孔隙度范围为 4.6%~8.5%,平均为 6.4%;渗透率为 0.0113×10^{-3}~0.0876×$10^{-3}\mu m^2$,平均为 0.072×$10^{-3}\mu m^2$;平均排驱压力为 1.73MPa;平均孔喉半径为 0.48μm;半径大于等于 0.1μm 的孔喉比例为 20.3%,半径小于 0.1μm 的孔喉比例为 79.7%。

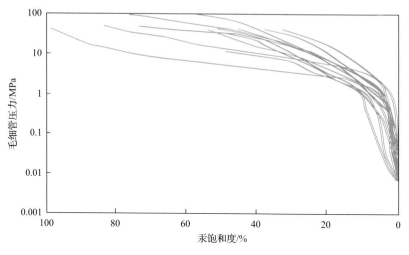

图 2-5　类型 5 的典型毛细管压力曲线

（6）类型 6（图 2-6）：孔隙度范围为 1.7%～3.6%，平均为 2.6%；渗透率为 0.001×10^{-3}～$0.0064\times10^{-3}\mu m^2$，平均为 $0.005\times10^{-3}\mu m^2$；平均排驱压力为 5.25MPa；平均孔喉半径为 0.095μm，半径大于等于 0.1μm 的孔喉比例为 8.0%，半径小于 0.1μm 的孔喉比例为 92%。

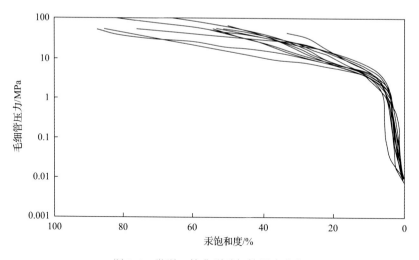

图 2-6　类型 6 的典型毛细管压力曲线

2. 孔喉结构特征

根据高压压汞曲线特征，统计分析了不同渗透率砂岩孔喉大小及组成，构建了岩石气测渗透率与孔喉尺寸和数量关系（图 2-7），分析了不同渗透率砂岩孔喉特征参数（表 2-2）。

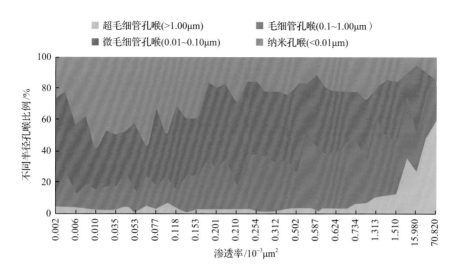

图 2-7　岩石气测渗透率与孔喉尺寸及数量关系

表 2-2　不同类型孔喉占总孔喉的比例(平均值)

孔喉类型	渗透率 K 范围		
	$K<0.1\times10^{-3}\mu m^2$	$K=0.1\times10^{-3}\sim1.0\times10^{-3}\mu m^2$	$K>1.0\times10^{-3}\mu m^2$
纳米孔喉(半径小于 0.01μm)占比/%	40	20	10
微毛细管孔喉(半径 0.01~0.1μm)占比/%	40	45	20
毛细管孔喉(半径 0.1~1.0μm)占比/%	15	30	35
超毛细管孔喉(半径大于 1.0μm)占比/%	5	5	35
平均孔喉半径/μm	0.491	0.976	2.721
中值半径/μm	0.018	0.062	0.387

从表 2-2 可以归纳出致密砂岩、常规砂岩和中、高渗砂岩主要孔喉结构特征[24-30]。

致密砂岩：流体渗流通道以纳米、微毛细管孔喉为主，占总孔喉的 80%，对岩石的渗透率起主要控制作用，毛细管孔喉与超毛细管孔喉仅占总孔喉的 20% 左右。对于这类砂岩，由于孔喉非常细小，流体渗流时阻力较大，排驱压力在 1.0MPa 以上。

常规砂岩：流体渗流通道以微毛细管孔喉和毛细管孔喉为主，前者占总孔喉的 45%，后者占 30%，纳米孔喉所占比例明显减少(<20%)，毛细管孔喉比例的增加对提高岩石渗透率发挥了重要作用。这类砂岩毛细管孔喉为流体渗流提供了通道，渗流阻力较小，排驱压力分布于 0.5~1.0MPa。

中、高渗砂岩：流体渗流通道以毛细管孔喉和超毛细管孔喉为主，占总孔喉的 70%，微毛细管孔喉占 20%，纳米孔喉所占比例很少，低于 10%，毛细管孔喉、超毛细管孔喉连通性好，为流体渗流提供了通道，渗流阻力较小，排驱压力小于 0.5MPa。

2.1.2 铸体薄片实验研究

对渗透率分别为 $1.02 \times 10^{-3} \mu m^2$、$0.625 \times 10^{-3} \mu m^2$、$0.285 \times 10^{-3} \mu m^2$、$0.086 \times 10^{-3} \mu m^2$、$0.024 \times 10^{-3} \mu m^2$ 的岩心开展了铸体薄片测试分析,结果如图 2-8 所示。

(a) 渗透率为 $1.02 \times 10^{-3} \mu m^2$ 砂岩铸体薄片(单偏光)

(b) 渗透率为 $0.625 \times 10^{-3} \mu m^2$ 砂岩铸体薄片(单偏光)

(c) 渗透率为 $0.285 \times 10^{-3} \mu m^2$ 砂岩铸体薄片(单偏光)

(d) 渗透率为 $0.086 \times 10^{-3} \mu m^2$ 砂岩铸体薄片(单偏光)

(e) 渗透率为 $0.024 \times 10^{-3} \mu m^2$ 砂岩铸体薄片(单偏光)

图 2-8 砂岩铸体薄片

1. 渗透率为 $1.02 \times 10^{-3} \mu m^2$ 的岩心

石英以单晶为主,表面洁净,无解理,含少量斜长石。岩屑主要为硅质岩岩屑、砂岩岩屑和千枚岩岩屑。填隙物中胶结物主要为杂基，胶结类型为孔隙胶结，颗粒支撑。孔隙主要为原生粒间孔，连通性较好[图 2-8(a)]。

2. 渗透率为 $0.625×10^{-3}μm^2$ 的岩心

石英以单晶为主，表面洁净，无解理。岩屑主要为砂岩岩屑、硅质岩岩屑和板岩岩屑。填隙物中胶结物主要为钙质，胶结类型为孔隙胶结，颗粒支撑。孔隙主要为原生粒间孔，连通性较好[图 2-8(b)]。

3. 渗透率为 $0.285×10^{-3}μm^2$ 的岩心

石英以单晶为主，表面洁净，无解理，含少量斜长石。岩屑主要为砂岩岩屑和板岩岩屑。填隙物中胶结物主要为钙质，胶结类型为孔隙胶结，颗粒支撑。孔隙主要为原生粒间孔和粒内溶孔，连通性较差[图 2-8(c)]。

4. 渗透率为 $0.086×10^{-3}μm^2$ 的岩心

石英以单晶为主，表面洁净，无解理，发育微弱蚀变。岩屑主要为砂岩岩屑、硅质岩岩屑和板岩岩屑。填隙物中胶结物主要为钙质和杂基，胶结类型为孔隙胶结，颗粒支撑。孔隙发育差，连通性差[图 2-8(d)]。

5. 渗透率为 $0.024×10^{-3}μm^2$ 的岩心

石英以单晶为主，表面洁净，无解理。岩屑主要为砂岩岩屑和变质泥岩岩屑。填隙物中胶结物主要为杂基，胶结类型为孔隙胶结，颗粒支撑。孔隙发育差，连通性差[图 2-8(e)]。

2.2　典型气田孔喉结构特征

2.2.1　鄂尔多斯盆地苏里格气田

1. 岩石矿物成分

对苏里格气田盒 8 上、盒 8 下和山 1 段储层岩石石英类和岩屑类矿物进行了统计，不同层位略有不同(图 2-9)。

2. 孔隙类型

对苏里格气田盒 8 上、盒 8 下和山 1 段储层岩石孔隙类型进行了统计，不同层位略有不同(图 2-10)。

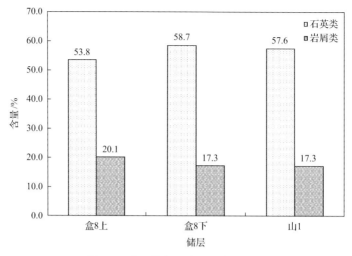

图 2-9　苏里格气田主要矿物分布图

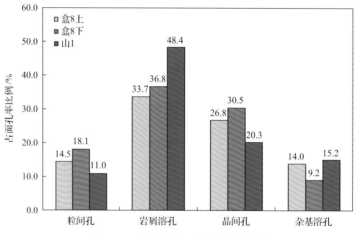

图 2-10　苏里格气田储层孔隙类型

3. 孔喉结构特征

采用高压压汞实验对苏里格气田储层岩心进行毛细管压力曲线测试，结合毛细管压力曲线特征和岩石渗透率，大致可以分为三类，特征参数见表 2-3。

表 2-3　苏里格气田储层岩心孔喉结构特征参数

分类		渗透率/$10^{-3}\mu m^2$	孔隙度/%	排驱压力/MPa	孔喉半径/μm
I 类(15 块)	区间	0.207～2.67	7.60～17.20	0.37～0.97	0.76～2.00
	平均	0.83	11.86	0.54	1.5
II 类(3 块)	区间	0.058～0.25	3.40～8.20	0.40～1.03	0.71～1.80
	平均	0.135	5.37	0.73	1.16
III 类(5 块)	区间	0.007～0.13	2.20～8.50	0.98～3.00	0.25～0.75
	平均	0.041	4.54	1.8	0.54

Ⅰ类：岩心样品数 15 块，占总样品数的 65%，这类岩心孔喉半径较大，为 0.76～2.0μm，排驱压力小，为 0.37～0.97MPa，孔隙度和渗透率较大，孔隙度为 7.6%～17.2%，渗透率为 0.207×10^{-3}～$2.67 \times 10^{-3} \mu m^2$，毛细管压力曲线如图 2-11 所示。

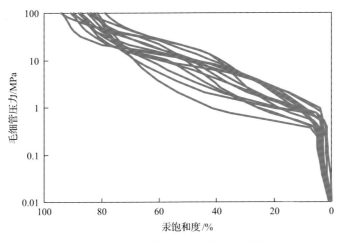

图 2-11　Ⅰ类岩心的毛细管压力曲线

Ⅱ类：岩心样品数 3 块，占总样品数的 13%，这类岩心孔喉半径也较大，为 0.71～1.8μm，排驱压力小，为 0.40～1.03MPa，具有部分大孔隙，但小孔隙占了大部分。小孔隙控制了岩心的渗透率，所以岩石孔隙度、渗透率均比较低，孔隙度为 3.4%～8.2%，渗透率为 0.058×10^{-3}～$0.25 \times 10^{-3} \mu m^2$，毛细管压力曲线如图 2-12 所示。

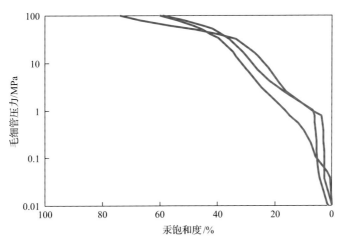

图 2-12　Ⅱ类岩心的毛细管压力曲线

Ⅲ类：岩心样品数 5 块，占总样品数的 22%，这类岩心孔喉半径细小，在 0.25～0.75μm 左右，排驱压力大，为 0.98～3.0MPa，几乎全是小孔隙，孔隙度、渗透率都很低，孔隙度为 2.2%～8.5%，渗透率为 0.007×10^{-3}～$0.13 \times 10^{-3} \mu m^2$，毛细管压力曲线如图 2-13 所示。

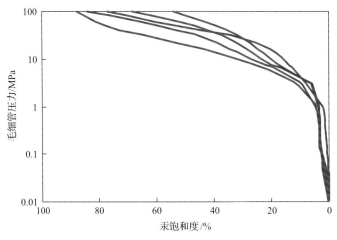

图 2-13　Ⅲ类岩心的毛细管压力曲线

2.2.2　四川盆地须家河组气藏

通过岩心观察、铸体薄片、高压压汞等实验技术分类评价岩石孔喉类型、数量等特征,并对岩石储集空间(孔喉特征)进行了分类精细评价,为开展机理研究奠定了基础。岩石孔喉结构特征参数如表 2-4 所示。

表 2-4　岩石孔喉结构特征参数表

类别	岩心数量/块	岩心比例/%	排驱压力/MPa	中值压力/MPa	最大进汞饱和度/%	孔喉类型及比例/%			
						超毛细管(孔喉大于 1μm)	毛细管孔喉(1～0.1μm)	微毛细管孔喉 0.1～0.01μm	纳米孔喉(<0.01μm)
Ⅰ	4	9.5	0.24	1.63	93.0	34.7	30.9	26.1	8.3
Ⅱ	5	11.9	1.25	7.95	91.2	0.4	50.2	39.0	10.4
Ⅲ	20	47.6	1.91	12.57	90.5	0.0	34.2	51.9	13.9
Ⅳ	13	31	2.78	26.91	80.1	0.0	22.7	47.6	29.7

Ⅰ类(孔隙度大于 12%)储层岩石粒度粗,残余粒间孔较发育,超毛细管孔喉和毛细管孔喉比例占 65%以上,排驱压力平均为 0.24MPa,最大进汞饱和度平均为 93%(图 2-14),岩心和铸体薄片照片如图 2-15 所示。

Ⅱ类(孔隙度为 9%～12%)储层岩石粒度粗—中,发育残余粒间孔和粒间溶孔,毛细管孔喉占 50%,微毛细管孔喉占 39%,排驱压力平均为 1.25MPa,最大进汞饱和度平均为 91.2%(图 2-16),岩心和铸体薄片照片如图 2-17 所示。

Ⅲ类(孔隙度为 6%～9%)储层岩石粒度中—细,发育粒间溶孔和粒内溶孔,毛细管孔喉占 34%,微毛细管孔喉占 52%,排驱压力平均为 1.91MPa,最大进汞饱和度平均为 90.5%(图 2-18),岩心和铸体薄片照片如图 2-19 所示。

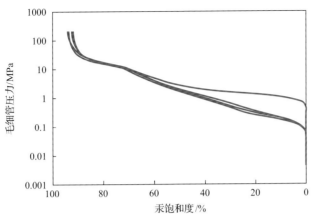

图 2-14　Ⅰ类储层毛细管压力曲线

(a) 岩心照片　　　　　　(b) 铸体薄片照片，单偏光2.5×10

图 2-15　Ⅰ类储层岩心照片和铸体薄片照片

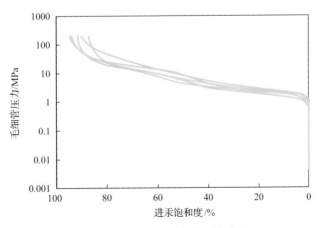

图 2-16　Ⅱ类储层毛细管压力曲线

Ⅳ类(孔隙度小于 6%)储层岩石粒度细—粉砂，发育粒内溶孔、杂基孔，微毛细管孔喉占 47.6%，纳米孔喉占 29.7%，排驱压力平均为 2.78MPa，最大进汞饱和度平均为 80.1%(图 2-20)，岩心和铸体薄片照片如图 2-21 所示。

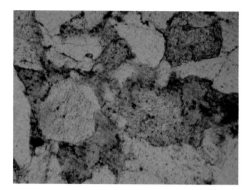

(a) 岩心照片

(b) 铸体薄片照片，单偏光2.5×10

图 2-17 Ⅱ类储层岩心照片和铸体薄片照片

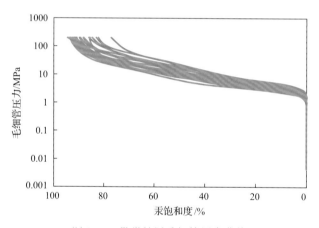

图 2-18 Ⅲ类储层毛细管压力曲线

(a) 岩心照片

(b) 铸体薄片照片，单偏光2.5×10

图 2-19 Ⅲ类储层岩心照片和铸体薄片照片

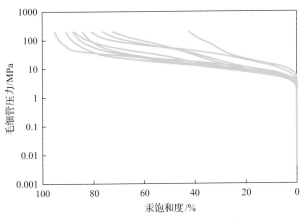

图 2-20 Ⅳ类储层毛细管压力曲线

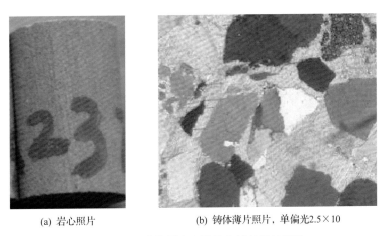

(a) 岩心照片   (b) 铸体薄片照片, 单偏光2.5×10

图 2-21 Ⅳ类储层岩心照片和铸体薄片照片

2.2.3 孔喉结构综合特征分析

1. 渗透率与孔喉半径大小及占比关系

将岩石孔喉半径按大于 0.1μm 占比和小于等于 0.1μm 占比进行统计, 建立了国内典型砂岩气藏岩石孔喉结构组成与岩石气测渗透率关系, 如图 2-22 所示。对这些数据进行抽提, 可得出二者之间的清晰关系(图 2-23)。

从图 2-22 和图 2-23 分析可知, 砂岩渗透率与孔喉半径关系十分密切, 空气渗透率大于 $1.0 \times 10^{-3} \mu m^2$ 的储层中孔喉主要以大于 0.1μm 为主, 且渗透率越大其比例越大; 空气渗透率小于 $1.0 \times 10^{-3} \mu m^2$ 的储层孔喉主要以小于 0.1μm 为主, 渗透率越低其比例越大。在相同渗透率情况下, 四川须家河气藏大于 0.1μm 孔喉比例最大, 其次为苏里格气田和迪那气田, 克深气田低于迪那气田, 大北气田最小, 这也表明不同气田其基质储层渗流能力差异比较明显。

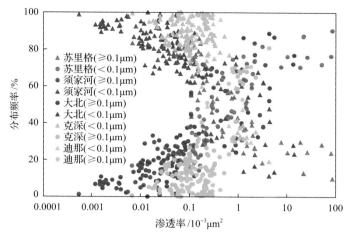

图 2-22 岩石渗透率与孔喉半径大小及占比关系图

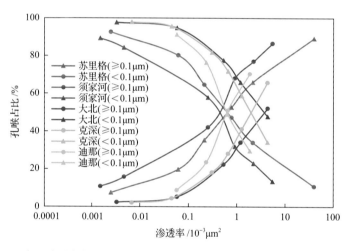

图 2-23 岩石渗透率与孔喉半径大小及占比关系图(根据图 2-22 进行资料抽提)

2. 砂岩孔喉累计分布频率

不同渗透率砂岩孔喉累计分布频率统计如图 2-24 所示。分析可以得出,孔喉分布与渗透率关系十分密切,概率分布曲线上中值孔喉半径分别为:渗透率 $84.95 \times 10^{-3} \mu m^2$ 的为 4.80μm,$3.168 \times 10^{-3} \mu m^2$ 的为 1.0μm,$0.793 \times 10^{-3} \mu m^2$ 的为 0.35μm,$0.321 \times 10^{-3} \mu m^2$ 的为 0.12μm,$0.058 \times 10^{-3} \mu m^2$ 的为 0.014μm,$0.0055 \times 10^{-3} \mu m^2$ 的为 0.0075μm。

3. 典型气田孔喉中值半径

国内主要砂岩气藏岩石孔喉的中值半径统计结果如图 2-25 所示。由统计结果来看,榆林气田储层中值半径最大,其次为须家河气藏,苏里格与迪那气田相当,略低于须家河气藏,克深气田、大北气田基本相当。

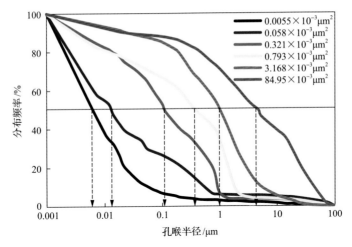

图 2-24　不同渗透率砂岩孔喉累计分布频率

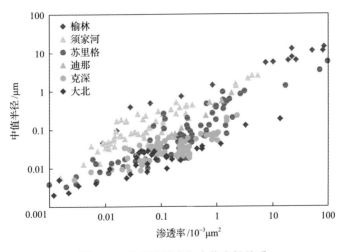

图 2-25　砂岩渗透率与中值半径关系

2.3　典型气田储层物性特征

2.3.1　鄂尔多斯盆地苏里格气田

鄂尔多斯盆地苏里格气田是我国陆上超大型气田，含气层段为下石盒子组盒 8 段和山西组山 1 段。盒 8 段主要为灰白色中—粗粒石英砂岩和岩屑质石英砂岩。山 1 段以分流河道沉积的砂泥岩为主，砂岩由中—细粒岩屑砂岩、岩屑质石英砂岩组成[28]。

1. 储层孔隙度、渗透率

采用氦孔隙度仪和常规空气渗透率测试方法，对岩心孔隙度、渗透率进行了测试，与现场收集到的资料进行了综合统计分析，结果表明：苏里格气田以低孔隙度、致密储层为主，地面孔隙度主要分布在 4%～12%，这部分样品占 71%；地面渗透率主要分布在 0.01×10^{-3}～$1.0\times10^{-3}\mu m^2$，所占比例 82%（图 2-26、图 2-27）。

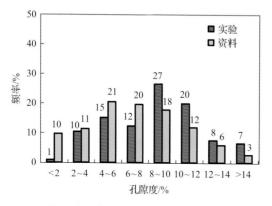

图 2-26　苏里格气田岩心孔隙度分布

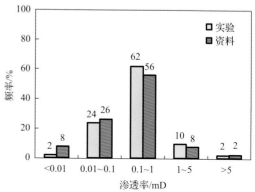

图 2-27　苏里格气田岩心渗透率分布图

该区孔隙度和渗透率之间具有一定相关性，总体上渗透率具有随孔隙度增大而增大的趋势。若岩心孔隙度大于 12%，则渗透率多在 $0.1\times10^{-3}\mu m^2$ 以上；若岩心孔隙度为 4%～12%，则对应渗透率多分布于 0.01×10^{-3}～$1\times10^{-3}\mu m^2$；当岩心孔隙度小于 4%时，则渗透率一般小于 $0.1\times10^{-3}\mu m^2$（图 2-28）。

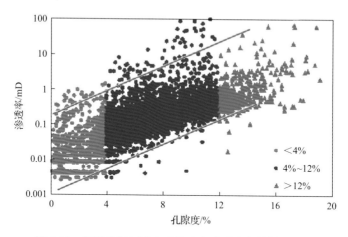

图 2-28　苏里格气田岩心孔隙度和渗透率相关性交会图

2. 单井测试

苏 47-45-69 井、苏东 62-40 井、苏 54-20-86 井及苏 14-15-52 井岩心孔隙度、渗透率实验测试参数如图 2-29 所示。

3. 露头剖面

选取保德扒楼沟、柳林成家庄、三川河、内蒙古桌子山等典型露头剖面，进行野外勘察，选取采样位置，采集大块岩样，开展露头剖面的精细描述。

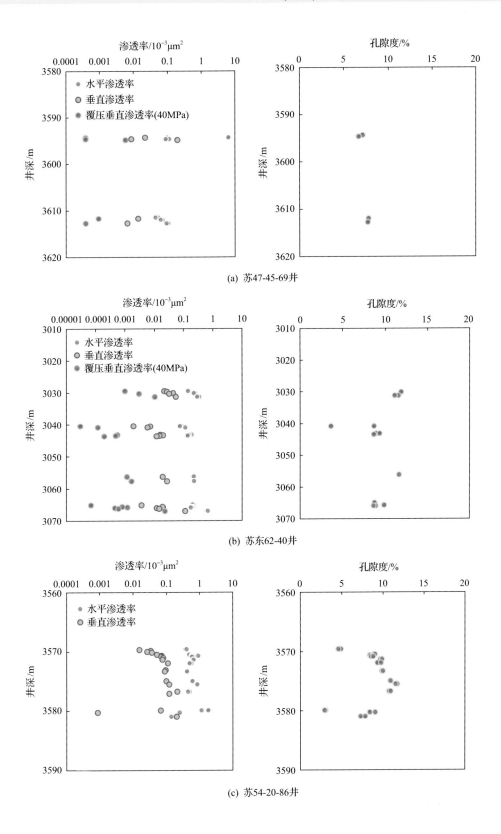

(a) 苏47-45-69井

(b) 苏东62-40井

(c) 苏54-20-86井

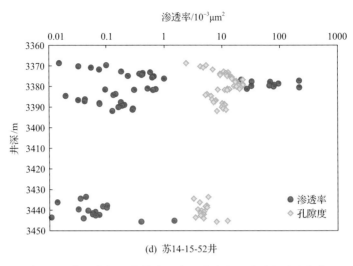

图 2-29   苏里格气田单井岩心岩心孔隙度、渗透率测试参数

1) 单砂体

盒 8 段单砂体以透镜状为主，规模小，宽度一般不大于 500m，宽厚比为 10∶1～50∶1，如图 2-30 所示。

图 2-30   鄂尔多斯盆地盒 8 段露头剖面(柳林)

2) 叠置砂体

盒 8 段多层砂体纵向相互叠置呈巨厚复合砂体，复合砂体以孤立、切割叠置为主，可延伸数公里，如图 2-31 所示。

3) 砂体内部非均质性

对鄂尔多斯盆地柳林陈家庄露头剖面开展了纵、横向密集连续取心，测试露头岩心常规渗透率，将岩心渗透率归位到露头剖面(图 2-32)，可以看出，无论是纵向还是横向对比，露头剖面上不同位置的渗透率差异显著。纵向上渗透率最低为 $0.045×10^{-3}μm^2$，

图 2-31　鄂尔多斯盆地盒 8 露头剖面(桌子山)

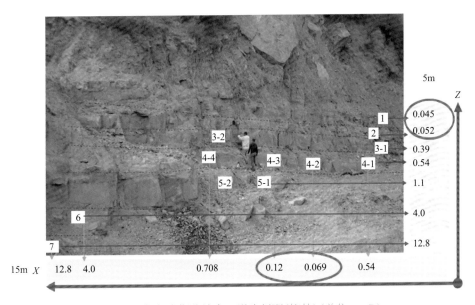

图 2-32　鄂尔多斯盆地盒 8 露头剖面(柳林)(单位：mD)

最高为 $12.8 \times 10^{-3} \mu m^2$，渗透率级差最高达 284 倍；横向上渗透率最低为 $0.069 \times 10^{-3} \mu m^2$，最高为 $12.8 \times 10^{-3} \mu m^2$，渗透率级差最高达 185 倍。纵、横向渗透率分布均表现出砂体内部的强烈非均质性。

4. 特征综合分析

通过露头踏勘、岩心描述、微观孔喉结构测试、岩石物性测试等多种方法，综合对比分析了苏里格气田 6 口井的岩心数据，在储层物性与微观孔喉结构方面取得三项认识。

1)储层孔隙度、渗透率关系特征

苏里格气田储层存在高孔隙度高渗透率、低孔隙度高渗透率、低孔隙度低渗透率三种类型(图 2-33)。

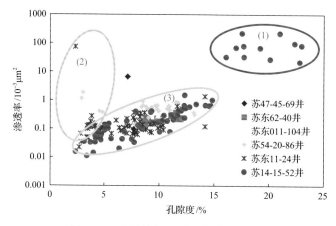

图 2-33   苏里格气田不同类型储层特征

(1)高孔隙度高渗透率型：这类储层为较洁净的含砾粗砂岩，填隙物少，胶结较疏松，连通的网络孔隙十分发育，孔隙度一般大于 15%，渗透率大于 $1.0\times10^{-3}\mu m^2$，岩心中占比 6.0%左右，是气田重要的"甜点"储层。

(2)低孔隙度高渗透率型：一般存在微裂缝，孔隙度小于 10%，渗透率可以达到 $1.0\times10^{-3}\mu m^2$ 以上，岩心占比 4.5%。

(3)低孔隙度低渗透率型：以细砂、粉砂为主，填隙物多，孔隙发育差，以粒内溶孔和填隙物内溶孔为主，孔隙度一般小于 10%，渗透率一般小于 $1.0\times10^{-3}\mu m^2$，这类储层岩心占比为 89.6%。

2)裂缝、基质储层渗流能力差异大

苏里格气田裂缝岩心渗透率远大于基质岩心渗透率，对于孔隙度小于 10%的储层，天然微裂缝提高渗透率 3~10 倍，对于孔隙度大于 10%的储层，天然微裂缝提高渗透率约 2 倍(图 2-34)。

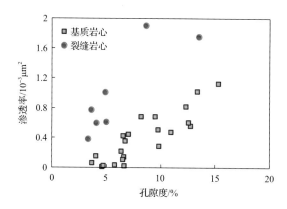

图 2-34   苏里格气田基质与裂缝发育特征

3) 井间物性差异明显，以低渗-致密为主

对苏里格气田 6 口井的孔隙度、渗透率进行了累计分布频率统计分析,结果如图 2-35 和图 2-36 所示。各井储层中值孔隙度、渗透率结果见表 2-5。分析可以得出，各井之间的物性差异较为明显，总体上以低渗-致密为主，中值渗透率一般小于 $0.5 \times 10^{-3} \mu m^2$，中值孔隙度一般小于 9.0%。

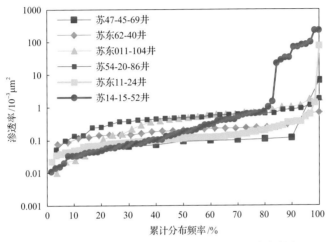

图 2-35　苏里格气田 6 口井储层渗透率累计分布频率

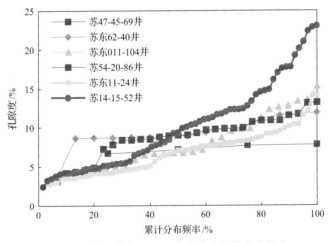

图 2-36　苏里格气田 6 口井孔隙度累计分布频率

表 2-5　苏里格气田 6 口井中值孔隙度、渗透率

井号	中值渗透率/$10^{-3}\mu m^2$	中值孔隙度/%
苏 47-45-69 井	0.090	7.50
苏东 62-40 井	0.198	8.87
苏 54-20-86 井	0.485	8.99
苏东 011-104 井	0.443	6.70
苏东 11-24 井	0.113	7.10
苏 14-15-52 井	0.181	9.30

4) 水平与垂直、常规与覆压渗透率具有明显差别

对苏东 62-40 井进行了垂向和横向取心, 对取得的岩心进行了系统的孔隙度、渗透率测试。对比表明：垂向渗透率为水平渗透率的 1.8%~18.8%, 平均为 10.3%; 覆压渗透率较常规渗透率低 1~2 个数量级(表 2-6、图 2-37)。

表 2-6 苏东 62-40 井储层水平与垂直渗透率对比

对比参数	垂直渗透率与水平渗透率之比/%	覆压 40MPa 渗透率与覆压 5MPa 渗透率之比/%
最小	1.8	1.5
最大	18.8	19.9
平均	10.3	6.1

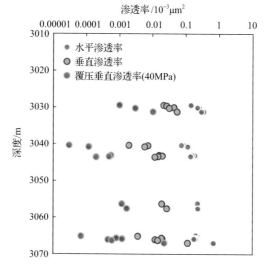

图 2-37 苏东 62-40 井储层水平与垂直渗透率对比

2.3.2 四川盆地须家河组气藏

1. 储层物性特征

对须家河组 137 块样品进行孔隙度测试并分类统计得出如下结论: 65%以上的岩心常规孔隙度小于 9%, 孔隙度小于 6%的岩心占 30.7%, 孔隙度为 6%~9%的岩心占 35.8%, 孔隙度为 9%~12%的岩心占 18.2%, 孔隙度大于 12%的岩心占 15.3%, 如图 2-38(a)所示。

对 137 块岩心进行渗透率测试并统计得出如下结论: 85.5%以上的岩心常规渗透率小于 $1 \times 10^{-3} \mu m^2$, 渗透率小于 $0.01 \times 10^{-3} \mu m^2$ 的岩心占 1.5%, 渗透率为 $0.01 \sim 0.1 \times 10^{-3} \mu m^2$ 的岩心占 33.6%, 渗透率为 $0.1 \sim 1 \times 10^{-3} \mu m^2$ 的岩心占 50.4%, 渗透率为 $1 \sim 10 \times 10^{-3} \mu m^2$ 的岩心占 11.7%, 渗透率大于 $10 \times 10^{-3} \mu m^2$ 的岩心占 2.9%, 如图 2-38(b)所示。

2. 单井及井间物性特征

合川 001-69 井不同深度物性差异大, 各类储层均有发育(图 2-39)。

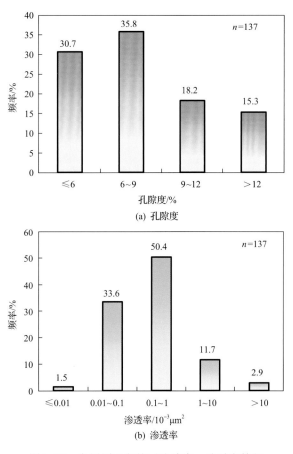

(a) 孔隙度

(b) 渗透率

图 2-38　合川须二段储层孔隙度、渗透率特征

n 为样品数，图 2-39～图 2-42 同

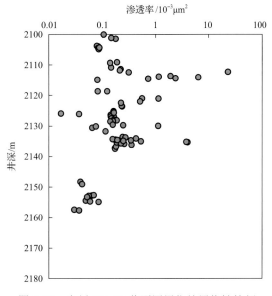

图 2-39　合川 001-69 井不同层位储层物性特征

须二段多井综合分析表明，渗透率累计分布曲线井间差异大，反映出储层平面非均质较强，致密储层广泛分布(图 2-40、图 2-41)。

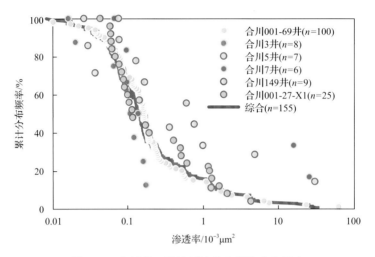

图 2-40　合川须二段储层渗透率累计分布频率

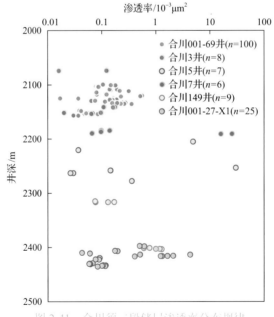

图 2-41　合川须二段储层渗透率分布规律

3. 综合特征认识

在大量实测资料基础上，根据孔渗相关性(图 2-42)，对须家河组储层进行了分类评价(表 2-7)。

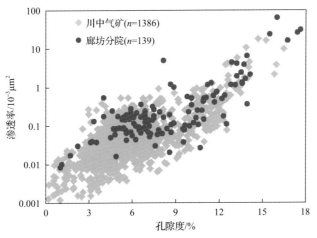

图 2-42　须家河组储层孔渗关系图

表 2-7　须家河组储层孔隙度、渗透率分类评价

储层大类	孔隙度/%	样品数	比例/%	渗透率最小值/$10^{-3}\mu m^2$	渗透率最大值/$10^{-3}\mu m^2$	平均渗透率/$10^{-3}\mu m^2$
I	>12	22	15	0.108	30.47	6.122
II	9～12	23	19	0.026	1.282	0.379
III	6～9	45	31	0.020	4.881	0.265
IV	<6	41	35	0.0082	0.273	0.110

I 类，孔隙度大于 12%，渗透率为 $0.108\times10^{-3}\sim30.47\times10^{-3}\mu m^2$，平均为 $6.122\times10^{-3}\mu m^2$，岩心数量占比 15%。

II 类，孔隙度为 9%～12%，渗透率为 $0.026\times10^{-3}\sim1.282\times10^{-3}\mu m^2$，平均为 $0.379\times10^{-3}\mu m^2$，岩心数量占比 19%。

III 类，孔隙度为 6%～9%，渗透率为 $0.020\times10^{-3}\sim4.881\times10^{-3}\mu m^2$，平均为 $0.265\times10^{-3}\mu m^2$，岩心数量占比 31%。

IV 类，孔隙度小于 6%，渗透率为 $0.0082\times10^{-3}\sim0.273\times10^{-3}\mu m^2$，平均为 $0.110\times10^{-3}\mu m^2$，岩心数量占比 35%。

第 3 章 储层应力敏感性实验评价

本章对比分析了地面常规物性与地层应力条件下岩石物性差异，研究储层应力敏感性对致密砂岩气藏产能、储量动用能力的影响。

3.1 储层应力敏感性研究概述

气藏储层是埋藏在地下一定深度的岩层，当通过钻井等技术从地层中将岩心取到地面的过程中，岩石承受的应力存在一个释放过程，因此地面条件下测定的孔隙度、渗透率与地层原始条件下的孔隙度、渗透率必然会存在一定差异。另一方面，在气藏开发过程中，随着地层压力的下降，导致岩石受压变形，孔隙结构发生变化，从而使岩石的物性特征(孔隙度、渗透率等)发生变化(图 3-1)。所以应力敏感性分析的第一个目的就是要通过室内实验研究，将岩心受力还原到地层原始条件下，分析储层条件的孔隙度和渗透率及其在开发过程中的变化，为储层评价和开发设计提供基础依据，国内外对储层应力敏感性均开展过大量研究工作，也取得了大量成果与认识[31-51]。

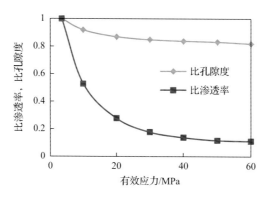

图 3-1 地层条件岩石受力变化及其物性变化示意图

储层岩石在开发过程中所承受的有效应力可由以下方法确定。

有效应力 P_{NOB} 等于上覆压力与孔隙压力之差，一般计算值取整：

$$P_{NOB} = P_{OB} - P_L \tag{3-1}$$

式中，P_L 为孔隙压力，地层孔隙中所承受的流体压力，MPa；P_{OB} 为上覆压力，即上部覆盖岩层加在下部岩石单元上的压力(MPa)，其表达式为

$$P_{OB} = \rho g h / 1000 \tag{3-2}$$

其中，ρ 为上部岩层平均岩石密度，一般取值 2.36g/cm^3；g 为重力加速度，9.8N/kg；h 为取样层中部深度，m。

对于某一气藏或储层，P_{OB} 为一固定值，只是在气藏衰竭开发过程中 P_{L} 不断减小，因此，储层岩石所受的有效应力 P_{NOB} 不断增大。

在实验设备最大工作压力允许条件下，根据有效应力大小，设定 5～8 个围压点进行测试。

3.2　储层应力敏感性实验方法

1. 实验测试装置及方法

目前，通常采用如下两种实验测试方法对储层应力敏感性开展实验测试研究。

实验方法一：利用从美国进口的 CMS-300 岩心实验测试系统(图 3-2)或 AP-608 岩心实验测试系统(图 3-3)对气藏储层岩石进行不同有效应力下的孔隙度和渗透率测试。设定上覆压力分别为 3.5MPa、10MPa、20MPa、30MPa、40MPa、50MPa、60MPa、70MPa，分析孔隙度、渗透率随上覆压力变化规律。

图 3-2　CMS-300 岩心实验测试系统

实验方法二：采用笔者团队自主研发的地层条件下储层渗透率测试方法及装置，在不同有效应力条件下进行气驱，观察流量变化情况，目前实验设备围压可以设置为 3.5MPa、10MPa、20MPa、30MPa、40MPa、50MPa、60MPa、70MPa、80MPa、90MPa。

图 3-3 AP-608 岩心实验测试系统

2. 数据分析方法

研究分析中对不同有效应力下的孔隙度和渗透率进行归一化处理，便于对比分析，采用接近于气藏原始有效应力条件(或常规孔渗测试条件)下的孔隙度(ϕ_i)和渗透率(K_i)作为初始值，然后以不同有效应力下的孔隙度(ϕ)和渗透率(K)除以该值得到无因次孔隙度(ϕ_D)和无因次渗透率(K_D)。

$$\phi_D = \phi / \phi_i \tag{3-3}$$

$$K_D = K / K_i \tag{3-4}$$

式中，ϕ_i 为接近于气藏原始有效应力条件(或常规孔渗测试条件)下的孔隙度；ϕ 为不同有效应力下的孔隙度；ϕ_D 为无因次孔隙度；K_i 为接近于气藏原始有效应力条件(或常规孔渗测试条件)下的渗透率；K 为不同有效应力下的渗透率；K_D 为无因次渗透率。

应用式(3-3)和式(3-4)，可以预测气藏开发过程中物性变化规律。储层应力敏感性主要表现在两个方面：一是原始地层条件与地面条件的渗透率(或孔隙度)存在较大的差异；二是气田开发过程中的渗透率和孔隙度变化。而在实际应用中主要研究渗透率的变化及其对开发的影响。

3.3 储层应力敏感性测试分析

本节对我国鄂尔多斯盆地苏里格气田、四川盆地须家河组气藏储层岩石应力敏感性进行了系统实验测试与分析。

3.3.1　鄂尔多斯盆地苏里格气田

苏里格气田东区储层深度一般为 3000m，岩石密度为 2.36g/cm³，则计算苏东储层上覆压力为 70.8MPa，原始地层压力按 28MPa 计算，则原始地层条件下储层岩石所承受有效应力为 42.8MPa。假如气田开发过程中地层压力由原始的 28MPa 衰竭至 2MPa，则有效应力的变化区间为 42.8～68.8MPa。

在实验过程中，对岩心加有效围压至 42.8MPa 测试出来的孔隙度、渗透率即代表储层原始条件下的孔隙度、渗透率。

1. 孔隙度、渗透率与有效应力的关系

1) 孔隙度

研究中选取不同类型和不同孔隙度值的岩样进行覆压孔隙度测试，结果如图 3-4 所示，以初始压力为基准计算得到的无因次孔隙度如图 3-5 所示。苏里格气田东区储层孔隙度随有效应力变化不大，有效应力从 3.45MPa 上升到 60MPa 的过程中，孔隙度下降 10%～25%。总体上，苏里格东区砂岩孔隙度应力敏感性不强。

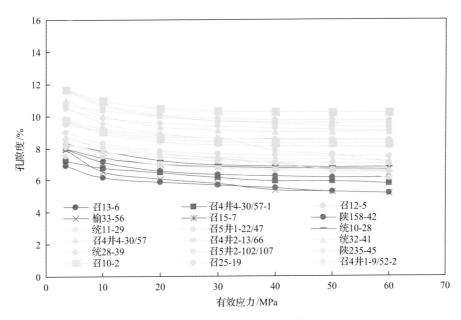

图 3-4　不同有效应力下的孔隙度

2) 渗透率

研究中选取不同类型和不同渗透率值的岩样进行覆压渗透率测试，测得不同有效应力下的渗透率，结果如图 3-6 所示。

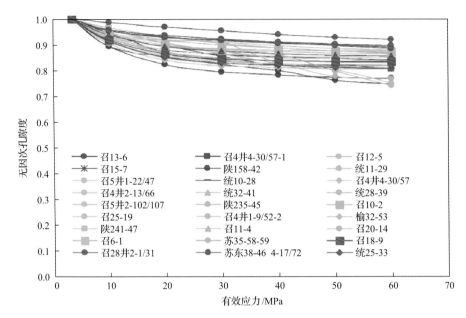

图 3-5　不同有效应力下的无因次孔隙度

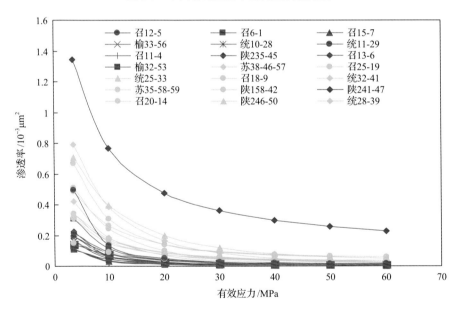

图 3-6　不同有效应力下的渗透率

以初始有效应力下的渗透率为基准，计算不同有效应力下的无因次渗透率，其结果如图 3-7 所示。渗透率随有效应力的变化较为复杂，不同类型渗透率随有效应力的变化规律不同，相同有效应力条件下，初始渗透率高的下降速率慢，总的下降幅度低；初始渗透率低的随有效应力增大而迅速下降，压力增大到一定程度后渗透率下降速率减缓，但总的下降幅度很大。有效应力从 3.45MPa 上升到 60MPa 的过程中，渗透率下降大于70%，表明渗透率具有较强应力敏感性。

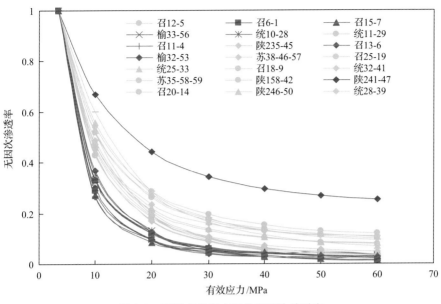

图 3-7　不同有效应力下的无因次渗透率

2. 地层压力条件下岩石孔隙度、渗透率特征

根据无因次孔隙度变化规律,预测原始地层压力条件下苏里格气田东区储层孔隙度,结果表明地层条件孔隙度约为地面条件的 80%～94%(图 3-8)。

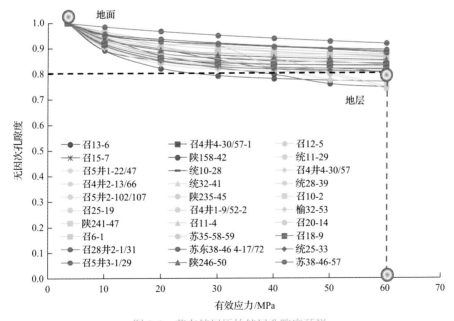

图 3-8　苏东储层原始储层孔隙度预测

根据无因次渗透率变化规律,预测原始地层压力条件下苏里格气田东区储层渗透率,结果表明地层条件渗透率为地面条件的 3%～40%,大部分样品只有地面的 20%(图 3-9)。

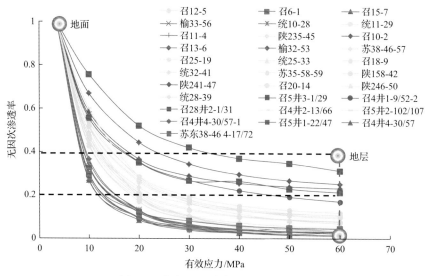

图 3-9　苏东储层原始储层渗透率预测

进一步预测可以得出，苏格里东区地层条件下渗透率比地面条件渗透率低一个数量级（图 3-10），87%的样品回归到地层条件的渗透率小于等于 $0.1 \times 10^{-3} \mu m^2$，29%的样品渗透率小于等于 $0.01 \times 10^{-3} \mu m^2$（图 3-11），属于低渗-致密储层。

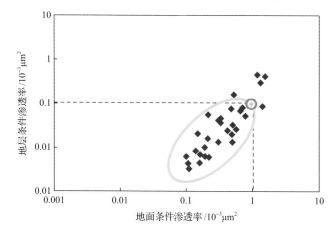

图 3-10　地面条件与地层条件下的渗透率关系

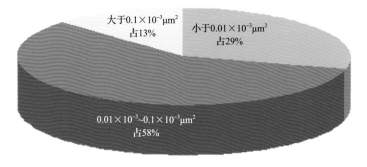

图 3-11　地层条件下渗透率分布频率

3. 开发过程中岩石孔隙度、渗透率变化特征

当地层压力从 28MPa 降到废弃压力 2MPa 过程中，储层承受的有效应力变化区间为 42.8～68.8MPa，如果以地层条件孔隙度、渗透率为基准，预测气藏衰竭开采过程中孔隙度、渗透率变化规律，结果表明：孔隙度损失小于 4%(图 3-12)，渗透率损失为 20%～ 50%(图 3-13)。

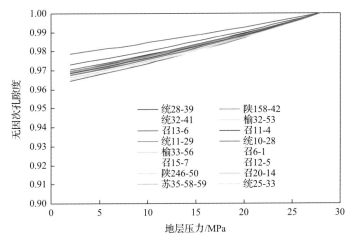

图 3-12 开发过程中孔隙度损失情况

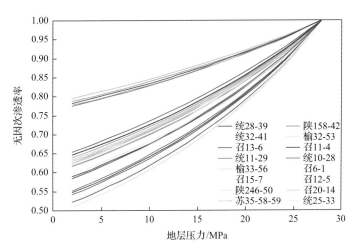

图 3-13 开发过程中渗透率损失情况

3.3.2 四川盆地须家河组气藏

1. 孔隙度和渗透率与有效应力关系

采用 CMS-300 测试仪对广安气田须家河组气藏须六段的 GA108、GA110、GA107

三口井共 22 块岩心，须四段的 GA101、GA125、GA126、GA128 四口井共 19 块岩心进行了覆压孔渗测试。

须六段储层岩心孔隙度随有效应力变化规律曲线如图 3-14 所示，无因次孔隙度随有效应力变化规律曲线如图 3-15 所示，须四段储层岩心孔隙度随有效应力变化规律曲线如图 3-16 所示，无因次孔隙度随有效应力变化规律曲线如图 3-17 所示。分析可以得出，须六段、须四段储层岩心孔隙度随上覆压力增加变化不明显，有效应力从 3.5MPa 增加到 55MPa 时，储层岩心孔隙度损失均超过 20%(图 3-18、图 3-19)。通过回归分析可以得出，无因次孔隙度与有效应力之间存在幂函数关系(图 3-20)：

$$\phi_D = AP_e^{-B} \tag{3-5}$$

式中，A、B 为系数；P_e 为有效应力。

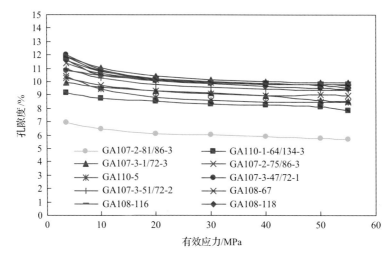

图 3-14　须六段储层岩心孔隙度与有效应力关系曲线

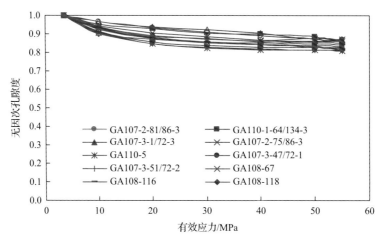

图 3-15　须六段储层岩心无因次孔隙度与有效应力关系曲线

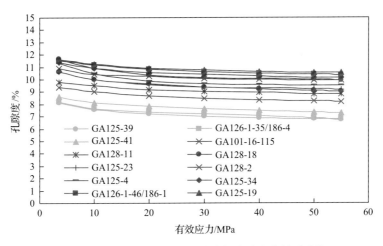

图 3-16 须四段储层岩心孔隙度与有效应力关系曲线

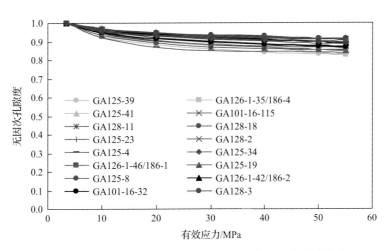

图 3-17 须四段储层岩心无因次孔隙度与有效应力关系曲线

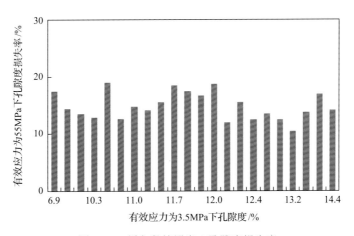

图 3-18 须六段储层岩心孔隙度损失率

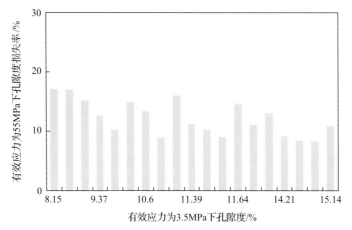

图 3-19   须四段储层岩心孔隙度损失率

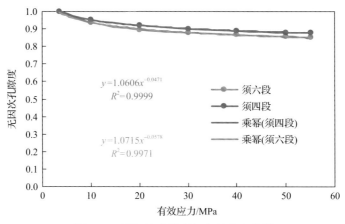

图 3-20   无因次孔隙度与有效应力关系

须六段储层岩心渗透率随有效应力变化规律曲线如图 3-21 所示，无因次渗透率随有效应力变化规律曲线如图 3-22 所示，须四段储层岩心渗透率随有效应力变化规律曲线如图 3-23 所示，无因次渗透率随有效应力变化规律曲线如图 3-24 所示。分析可以得出，

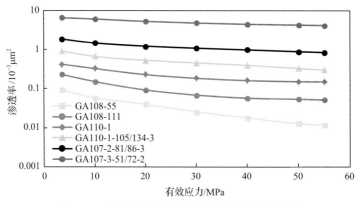

图 3-21   须六段储层岩心渗透率与有效应力关系

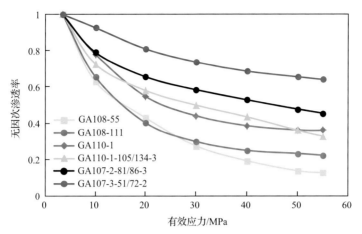

图 3-22　须六段储层岩心无因次渗透率与有效应力关系

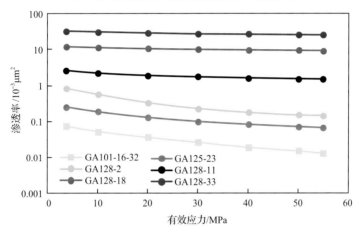

图 3-23　须四段储层岩心渗透率与有效应力关系

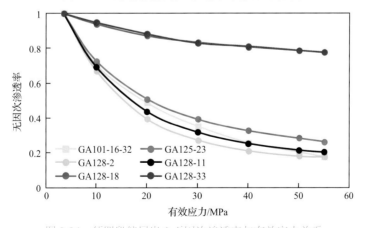

图 3-24　须四段储层岩心无因次渗透率与有效应力关系

该地区储层岩心渗透率随上覆压力变化比较复杂。根据渗透率大小，对须六段、须四段储层划分五个区间，即小于 $0.1 \times 10^{-3} \mu m^2$、$0.1 \times 10^{-3} \sim 0.5 \times 10^{-3} \mu m^2$、$0.5 \times 10^{-3} \sim 1.0 \times 10^{-3} \mu m^2$、$1 \times 10^{-3} \sim 10 \times 10^{-3} \mu m^2$、大于 $10 \times 10^{-3} \mu m^2$。

　　须六段不同渗透率区间平均渗透率、无因次渗透率与有效应力关系曲线如图 3-25 和图 3-26 所示，有效应力从 3.5MPa 增加到 55MPa，须六段储层不同渗透率区间岩心渗透率损失如图 3-27 所示。

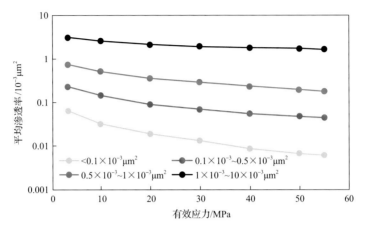

图 3-25　须六段储层不同渗透率区间岩心渗透率变化规律

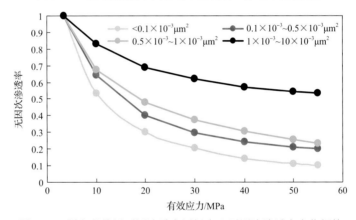

图 3-26　须六段储层不同渗透率区间岩心无因次渗透率变化规律

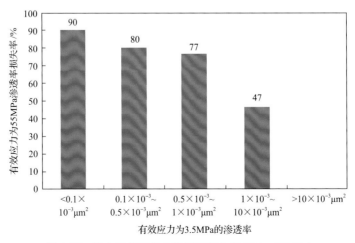

图 3-27　须六段储层岩心渗透率损失率（3.5～55MPa）

须四段不同渗透率区间平均渗透率、无因次渗透率与有效应力关系曲线如图 3-28 和图 3-29 所示，有效应力从 3.5MPa 增加到 55MPa，须四段储层不同渗透率区间岩心渗透率损失如图 3-30 所示。分析可以得出：须六段、须四段储层岩心渗透率随有效应力增

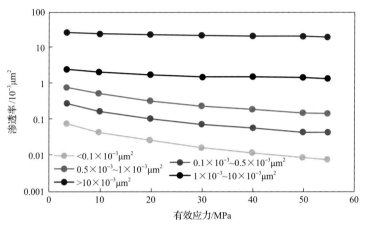

图 3-28　须四段储层不同渗透率区间岩心渗透率变化规律

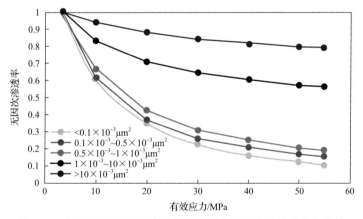

图 3-29　须四段储层不同渗透率区间岩心无因次渗透率变化规律

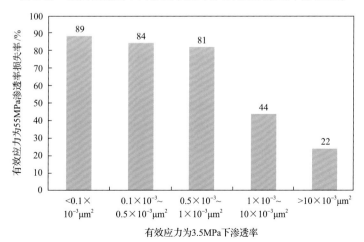

图 3-30　须四段储层岩心渗透率损失率(3.5～55MPa)

加而降低，初始岩心渗透率越低，则损失越大。如图 3-31 所示，通过回归分析还可以得出，无因次渗透率与有效应力之间存在幂函数关系：

$$K_{\mathrm{D}} = AP_{\mathrm{e}}^{B} \tag{3-6}$$

式中，A、B 均为系数；P_{e} 为有效应力，MPa。

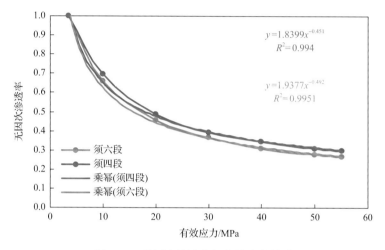

图 3-31   无因次渗透率与有效应力关系

运用式(3-6)，结合储层条件，可以预测地层条件下渗透率及开发过程中渗透变化规律。

2. 气田开发过程中的储层物性变化规律分析

广安气田须家河组气藏储层由于孔隙度随有效应力变化不大，在开发过程中可以不考虑孔隙度变化带来的影响，而渗透率是气井产能的决定性因素之一，其变化对气田的产能和开发效益具有很大的影响。

根据上述实验研究结果，对广安气田须家河组气藏储层开发过程中的渗透率变化规律进行了预测计算。根据井深和岩石密度，计算气藏储层岩石承受的上覆压力，须六段样品井深在 1930～2070m 之间，计算时取井深 2000m。须四段样品井深在 2295～2332m，计算时取井深 2300m。气藏由原始地层压力(约 20MPa)衰竭开采，孔隙压力逐渐下降，则储层承受的有效上覆压力增大，计算至开发后期气层压力降至 2MPa 时，则储层岩石承受的有效应力变化区间为上覆压力减去地层压力，须六段有效应力变化区间为 26～44MPa，须四段有效应力变化区间为 32.9～50.9MPa(表 3-1)。

表 3-1　有效应力变化区间计算结果

储层	渗透率区间/$10^{-3}\mu m^2$	井深/m	密度/(g/cm^3)	上覆压力/MPa	地层压力变化区间/MPa	有效应力变化区间/MPa
须六段	<0.1	2000	2.3	46	20~2	26~44
	0.1~0.5	2000	2.3	46	20~2	26~44
	0.5~1.0	2000	2.3	46	20~2	26~44
	1~5	2000	2.3	46	20~2	26~44
	5~10	2000	2.3	46	20~2	26~44
须四段	<0.1	2300	2.3	52.9	20~2	32.9~50.9
	0.1~0.5	2300	2.3	52.9	20~2	32.9~50.9
	0.5~1.0	2300	2.3	52.9	20~2	32.9~50.9
	1~5	2300	2.3	52.9	20~2	32.9~50.9
	>10	2300	2.3	52.9	20~2	32.9~50.9

1) 地层条件下储层渗透率预测

根据渗透率与有效应力关系曲线拟合公式，分别对须六段、须四段地层条件下储层渗透率进行回归预测，结果如表 3-2 所示。须六段、须四段地层条件下渗透率与地面条件渗透率对比百分数如图 3-32 所示。分析可以得出，当须六段、须四段地面渗透率小于

表 3-2　地层条件下须六段、须四段储层渗透率预测

参数		$<0.1\times10^{-3}\mu m^2$	$(0.1\sim0.5)\times10^{-3}\mu m^2$	$(0.5\sim1.0)\times10^{-3}\mu m^2$	$(1\sim10)\times10^{-3}\mu m^2$	$>10\times10^{-3}\mu m^2$
须六段	地面	0.062	0.226	0.751	2.97	
	地下	0.013	0.073	0.285	1.64	
	($K_{地下}/K_{地面}$)/%	21.0	32.2	38.0	55.3	
须四段	地面	0.070	0.262	0.733	2.32	23.8
	地下	0.013	0.063	0.206	1.46	19.7
	($K_{地下}/K_{地面}$)/%	18.9	24.0	28.1	62.9	82.8

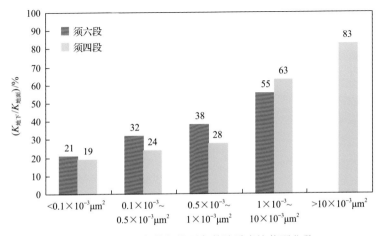

图 3-32　地层条件与地面条件渗透率比值百分数

$1.0 \times 10^{-3} \mu m^2$ 时,回归预测到在地下储层原始条件下,其渗透率不到地面的 50%;当地面渗透率大于 $1.0 \times 10^{-3} \mu m^2$ 时,回归预测到在地下储层原始条件下,其渗透率是地面的 50% 以上。这表明,地面测得的低渗透率样品,在地下储层原始条件下,其渗透率更低,这为正确评价低渗气藏储层特征和气井开发动态特征提供了帮助。

2) 开发过程中储层渗透率变化规律

对须六段、须四段不同渗透率储层在开发过程中物性变化规律进行预测,预测结果如图 3-33 和图 3-34 所示。开发过程中,须六段、须四段储层渗透率损失率如图 3-35 所示。分析可以得出,开发过程中地层压力从 20MPa 降到 2MPa,储层渗透率会有所下降,储层渗透率越低,下降幅度越大。渗透率小于 $0.1 \times 10^{-3} \mu m^2$ 的储层下降率在 30% 左右,渗透率在 $0.1 \times 10^{-3} \sim 1 \times 10^{-3} \mu m^2$ 的储层渗透率下降率在 25% 左右,渗透率大于 $1.0 \times 10^{-3} \mu m^2$ 的储层渗透率下降率在 15% 以下。

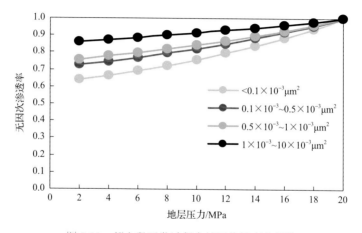

图 3-33   须六段开发过程中储层物性变化规律

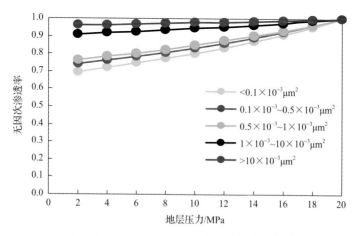

图 3-34   须四段开发过程中储层物性变化规律

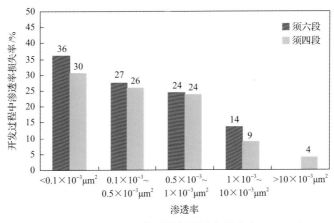

图 3-35 开发过程中渗透率损失率

3.4 影响气藏开发的机理分析

3.4.1 机理研究

图 3-36 是气藏储层孔隙压力"时、空"变化物理模拟模型,揭示了气藏衰竭开采过程中储层孔隙压力及岩石承受应力的变化过程。图 3-37 是一组非均质组合储层在衰竭开采过程中不同位置压力在不同时间的下降特征。从图可以看出应力敏感性对气藏开发的影响机理是在气藏衰竭开采过程中,从近井区到远井区孔隙压力漏斗状下降,储层应力变化存在"时、空"差异,导致储层渗透率产生区域差异。近井区应力敏感性强且出现时间早,渗透率下降幅度最大也最早,导致远井区储量通过该区流向井筒的阻力增加,降低储层综合渗流能力,如无特别异常情况(井筒垮塌、局部塌陷等),这会使气井产量递减比方案设计提前,稳产期缩短。

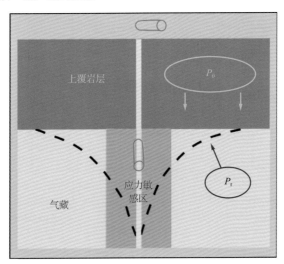

图 3-36 气藏储层孔隙压力"时、空"变化物理模拟模型

P_0 为上覆压力;P_r 为剩余孔隙压力分布

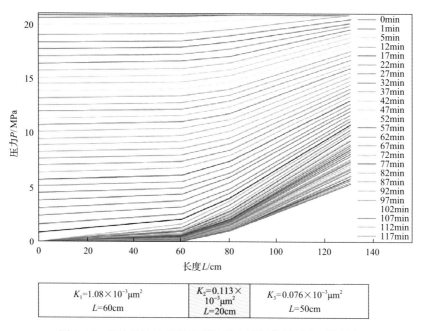

$K_1=1.08\times10^{-3}\mu m^2$ $L=60cm$	$K_2=0.113\times10^{-3}\mu m^2$ $L=20cm$	$K_3=0.076\times10^{-3}\mu m^2$ $L=50cm$

图 3-37　非均质储层衰竭开采过程中不同位置压力下降特征

3.4.2　物理模拟实验

1. 实验岩心

结合我国典型致密砂岩气藏储层物性特征，实验选用天然岩心，渗透率分别为 $1.08\times10^{-3}\mu m^2$、$0.113\times10^{-3}\mu m^2$、$0.076\times10^{-3}\mu m^2$，将岩心按渗透率大小进行有序排列，模拟气藏储层平面非均质性(图 3-38)。

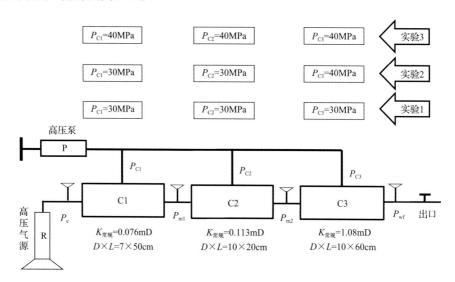

图 3-38　应力敏感性物理模拟实验流程

$P_{C1}\sim P_{C3}$ 为各岩心围压；D 为直径；L 为长度

2. 实验步骤

第一步：将岩心按顺序分别装入对应的岩心夹持器，按图 3-38 所示连接实验流程。

第二步：通过高压泵给岩心加上覆压力，实验 1 中三组岩心的上覆压力均为 30MPa，实验 2 中靠近出口的 K_2 岩心上覆压力增加到 40MPa，其余两组岩心上覆压力仍为 30MPa，实验 3 中三组岩心的上覆压力均增加到 40MPa。

第三步：通过高压气源向岩心饱和气，至岩心孔隙压力平衡至 20MPa 左右，关闭气源。

第四步：通过出口控制气流量，以配产 1000mL/min 模拟气藏进行定容衰竭开采，记录各测压点压力变化和产气量变化规律。

3. 实验结果与认识

1）产气量变化特征——分析气井稳产能力及产量递减特征

在三组衰竭物理模拟实验中，实验 3 中岩石承受的应力最大，实验 1 中岩石承受的应力最小，其他的实验条件均保持一致，初期配产均为 1000mL/min，产气量随时间变化的关系曲线如图 3-39 所示。分析可以得出：岩石应力的差异会引发两方面的变化：一是岩石本身骨架的变化，二是岩石孔喉几何形态的变化。这两种变化会导致储层渗流能力发生变化，在产气量曲线上表现出来：一方面是稳产期缩短，其原因是在高应力作用下，储层岩石骨架和孔隙结构的变化导致了储层渗流能力的降低，因此，即使储层内有同样的且能量足够大的气源，满足气井稳产的能力，但稳产期会受到储层本身物性改变的影响；另一方面，在生产后期，实验 3 的产气量反而大于实验 1 和实验 2 的产气量，其原因是在生产后期，储层性质基本稳定，气流量主要取决于气体剩余能量的大小，实验模拟的是一个定容气藏，实验 1 和实验 2 早期产出气量大，剩余能量小，而实验 3 早期产出气量小，剩余能量大，因此，在生产后期实验 3 的产气量反而比实验 1 和实验 2 的产气量大。

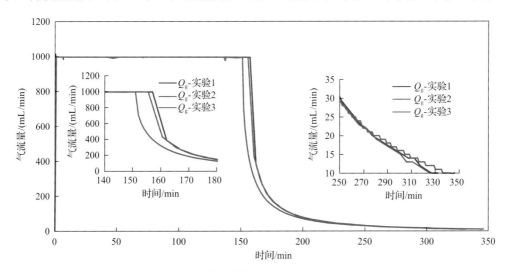

图 3-39　衰竭物理模拟实验中产气量变化特征

综上所述，早期气藏能量充足时，气井的稳产能力取决于应力敏感性对储层物性的影响程度；后期气藏能量较低时，应力敏感性对储层物性的影响很弱，气井的产气量取决于气藏剩余能量的大小。

2) 储层压力下降特征——反映不同区域储量动用速度

对于定容气藏而言，衰竭开采过程中压力下降特征可以反映出储量动用情况，图 3-40 为实验生产 180min 时各压力监测点测得的剩余压力。三组实验中岩石承受的应力存在差异，这种差异会导致岩石物性发生变化，从而造成衰竭开采过程中储层剩余压力不同。因此，从理论上讲，K_1、K_2、K_3 的剩余压力应该均有不同，但在开展的实验上反映出来的现象却是 K_1、K_2 岩心在三组实验中的剩余压力基本一致，而 K_3 的剩余压力差异较大。出现这种与理论产生差异的原因应该有以下两个方面：一是 K_1、K_2 岩心渗透率相对较高，应力增加对其物性的改变没有对其渗流能力产生质的影响；二是实验尺度不足以让这种差异显现出来。

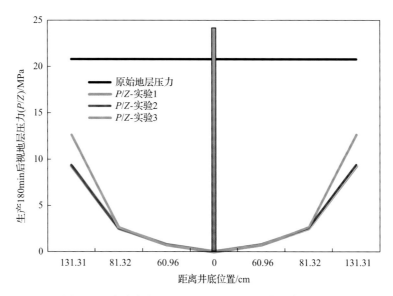

图 3-40　实验生产 180min 时不同位置剩余压力剖面图

另一方面，从剩余压力剖面上，也可以看出在相同时间内不同区域储量动用的差异。在这三组实验中，实验 3 中 K_3 的剩余压力明显比实验 1 和实验 2 的高，说明在其他实验条件都一样的情况下，由于实验 3 中 K_3 承受的应力最大，降低了储层的物性，从而影响储量动用速度。从图 3-35 可以看出，常规渗透率越低的岩心，应力敏感性对渗透率的损害越大，这在图 3-40 中也同样得到印证。

3) 采出程度

对于定容气藏，在瞬时产气量相同的稳产期内，采出程度会保持一致，但在递减期内，由于应力敏感性对储层物性的影响程度不一样，导致产量递减速度不一样，瞬时产气量存在差异，从而采出程度也会出现差异。图 3-41 显示了三组实验中采出程度变化趋势曲线，可以得出，采出程度的差异出现在实验 3 稳产期结束后，实验 3 比实验 1 和实验 2 先开始递减，在同一时间点上，其产气量小于后者，因此其采出程度也小于后者；但在生产后期，由于实验 3 的剩余能量大，其瞬时产气量比实验 1 和实验 2 的大(图 3-41)，随着生产的持续进行，其采出程度与实验 1 和实验 2 的差异逐渐缩小。本节实验中，最终采出程度的最大差异仅为 1.3%。因此，应力敏感性对稳产期后递减生产阶段的采出程度存在影响，对最终采出程度的影响不大。

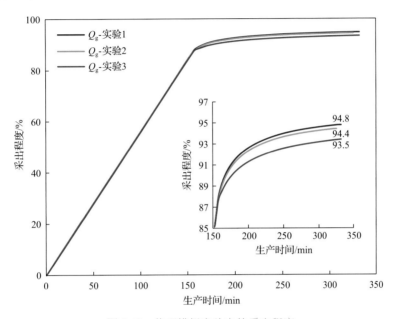

图 3-41　物理模拟实验中的采出程度

第4章 气驱水动力充注含气饱和度实验研究

初始含气饱和度(S_{gi})和原始地层压力(P_i)是气藏储量评估和产能评价的重要参数，也是气藏勘探与开发十分关心的要素[52-56]。结合气藏纵向多层地质特征，考虑充注动力逐级增加过程，笔者团队建立了一套砂岩储层动力充注成藏物理模拟实验方法，分别开展了常温封闭条件下气驱水动力充注，在常温封闭条件下气驱水动力充注至 30MPa 后以低气流量进行缓慢释放，50℃封闭条件下气驱水动力充注三种情景下的模拟实验研究，对气源压力逐级增加过程中储层含气饱和度、地层压力的变化规律取得了一定程度认识，研究成果可以为天然气储量品位和富集规律评价提供指导。

4.1 含气饱和度实验测试方法

4.1.1 实验目的

模拟砂岩储层气驱水动力充注成藏过程，探索确定储层孔隙压力、含气饱和度随充注压力增加而发生的变化规律。

4.1.2 实验流程

基于气藏纵向多层地质特征，考虑充注动力逐级增加过程，建立了动力充注成藏物理模拟实验方法和实验流程如图 4-1 和图 4-2 所示，该流程具有以下特点。

(1)考虑储层纵向多层非均质性：同一气源可以同时对多层不同渗透率储层进行充注。

(2)考虑气源压力逐级增加过程：采用同一气源对多层进行同时充注实验，每次充注时各层气源压力相同，气源压力分别设置为 0.1MPa、0.2MPa、0.3MPa、0.5MPa、0.7MPa、0.9MPa、1.0MPa、1.2MPa、1.5MPa、1.8MPa、2.0MPa、2.5MPa、2.8MPa、3.0MPa、3.5MPa、4.0MPa、4.5MPa、5.0MPa、5.5MPa、6.0MPa、7.0MPa、8.0MPa、10.0MPa、15.0MPa、20.0MPa、25.0MPa、30.0MPa，充注过程中当气源低压充注稳定后再逐级增压，模拟气藏随生气强度增加对成藏过程的影响，确定储层孔隙压力、含气饱和度随充注压力增加而发生的变化规律。

(3)考虑封闭条件，储层末端密闭有储水罐，整个充注过程可以处于密闭过程，根据需要也可以提供开放、半开放条件。

(4)考虑温度和压力条件：实验压力满足 50MPa 以内，温度满足 150℃以内的要求。

(5)根据实验需要，每天 24h 连续不间断开展，同时采集 24 组压力数据，可以每分钟采集一次数据,全自动控制。

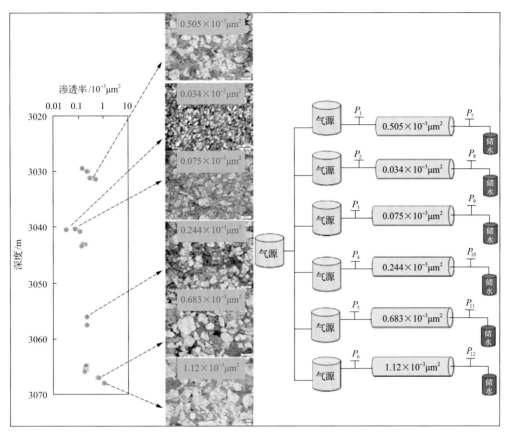

图 4-1 实验流程示意图

$P_1 \sim P_{12}$ 为压力

图 4-2 实验环境

4.1.3 实验步骤

(1)将实验用岩心进行烘干后抽真空完全饱和水,初始含水饱和度 S_{wi}=100%。

(2)将饱和水的岩心置入实验流程,对岩心加围压 35MPa,确保驱替过程中岩心与胶皮套之间为密闭。

(3)从低到高逐级增加气源压力进行充注实验,每个气源压力充注稳定 24h 以上。

(4)储层末端设有储水罐和压力传感器,记录充注过程中压力变化规律(图 4-3)及岩心中驱出的水量。

(5)测试每个气源压力充注结束后岩心的 T_2 谱(图 4-4),计算含水饱和度变化情况。

(6)实验过程中,整个实验流程是封闭的,本次实验充注最高压力达到 30MPa。

(7)上述充注实验完成后即储层压力达到 30MPa 后,再缓慢释放储层孔隙中的气体,模拟气藏成藏过程中天然气散失情况。

(8)以上实验是在常温条件下完成,完成后,将整个实验流程置于 50℃实验环境中,重复实验步骤(1)~步骤(6)。

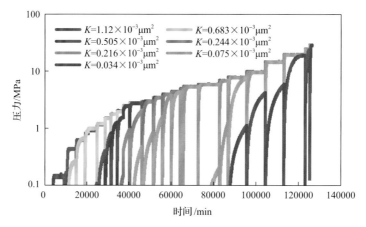

图 4-3   充注过程中压力变化规律

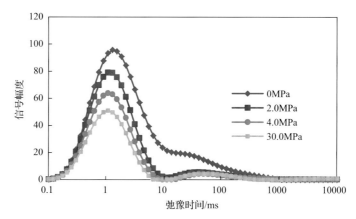

图 4-4   各充注压力结束后测试的核磁共振 T_2 谱(样号: 564, K=0.216×10^{-3}μm^2)

4.1.4 实验岩心

实验采用鄂尔多斯盆地苏里格气田砂岩岩心，常温条件封闭气驱水充注实验用岩心物性及相关参数如表 4-1 所示，50℃条件下封闭气驱水充注实验用岩心物性及相关参数如表 4-2 所示。

表 4-1 常温条件封闭气驱水充注实验用岩心物性及相关参数

序号	渗透率/$10^{-3}\mu m^2$	长度/cm
1	0.034	3.551
2	0.075	3.619
3	0.144	3.596
4	0.216	3.598
5	0.244	3.654
6	0.299	3.771
7	0.505	3.564
8	0.683	3.790
9	1.12	3.594
10	1.47	7.172
11	1.90	3.994
12	4.77	3.625
13	10.7	3.494
14	30.8	3.467
15	32.3	7.112
16	38.1	3.527
17	49.1	3.494
18	99.4	3.387
19	118	3.274
20	126	3.152

表 4-2 50℃条件封闭气驱水充注实验用岩心物性及相关参数

序号	渗透率/$10^{-3}\mu m^2$	长度/cm
1	0.075	3.619
2	0.505	3.564
3	0.683	3.790

续表

序号	渗透率/$10^{-3}\mu m^2$	长度/cm
4	1.12	3.594
5	4.77	3.625
6	10.7	3.494

4.2 含气饱和度测试结果分析

本节开展了常温封闭条件下气驱水动力充注，充注至 30MPa 后以低气流量进行缓慢释放，50℃封闭条件下气驱水动力充注等三种情景下的气驱水动力充注成藏规律模拟实验研究。

1. 常温封闭条件下气驱水动力充注实验

常温封闭条件下气驱水充注实验选表 1-1 中的 20 块岩心，实验过程中的储层压力、含气饱和度及不同气源压力下充注后核磁共振 T_2 谱测试结果如下(图 4-5～图 4-20)。

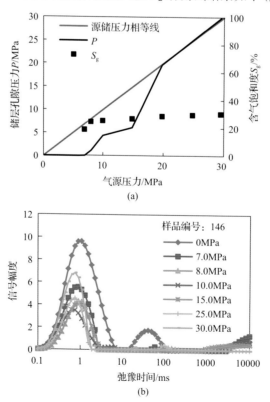

(a)

(b)

图 4-5 充注过程中储层压力、含气饱和度变化特征与核磁共振 T_2 谱($K = 0.034 \times 10^{-3}\mu m^2$)

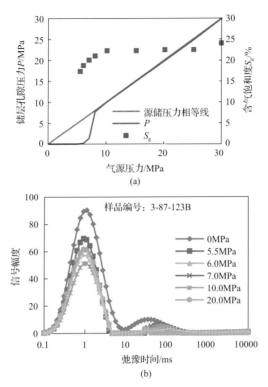

图 4-6 充注过程中储层压力、含气饱和度变化特征与核磁共振 T_2 谱（$K=0.075\times10^{-3}\mu m^2$）

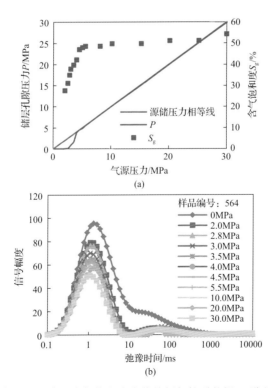

图 4-7 充注过程中储层压力、含气饱和度变化特征与核磁共振 T_2 谱（$K=0.216\times10^{-3}\mu m^2$）

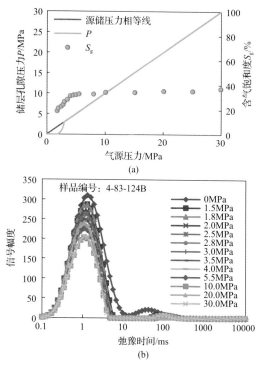

图 4-8　充注过程中储层压力、含气饱和度变化特征与核磁共振 T_2 谱 $(K=0.244\times10^{-3}\mu m^2)$

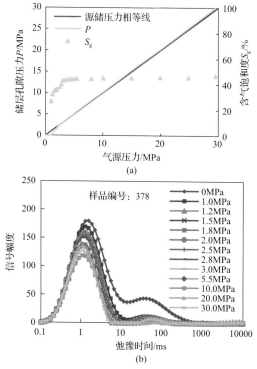

图 4-9　充注过程中储层压力、含气饱和度变化特征与核磁共振 T_2 谱 $(K=0.505\times10^{-3}\mu m^2)$

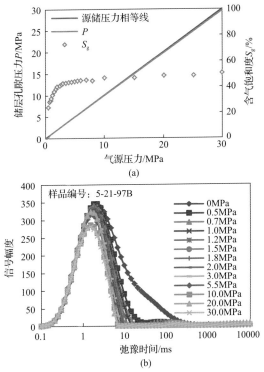

(a)

(b)

图 4-10　充注过程中储层压力、含气饱和度变化特征与核磁共振 T_2 谱 $(K=0.683\times10^{-3}\mu m^2)$

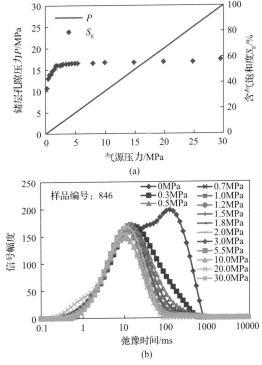

(a)

(b)

图 4-11　充注过程中储层压力、含气饱和度变化特征与核磁共振 T_2 谱 $(K=1.12\times10^{-3}\mu m^2)$

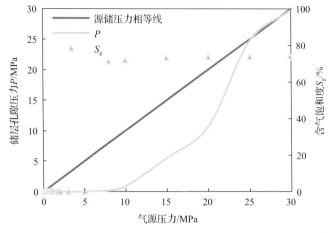

图4-12 充注过程中储层压力、含气饱和度变化特征($K=1.90×10^{-3}\mu m^2$)

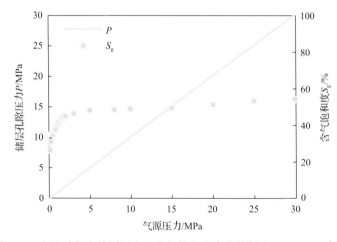

图4-13 充注过程中储层压力、含气饱和度变化特征($K=4.77×10^{-3}\mu m^2$)

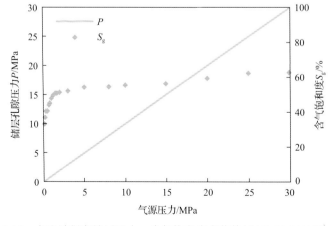

图4-14 充注过程中储层压力、含气饱和度变化特征($K=10.7×10^{-3}\mu m^2$)

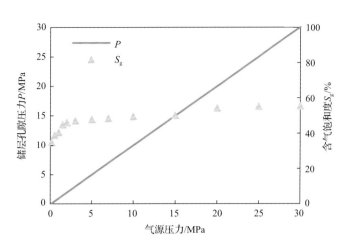

图 4-15 充注过程中储层压力、含气饱和度变化特征(K=30.8×10^{-3}μm^2)

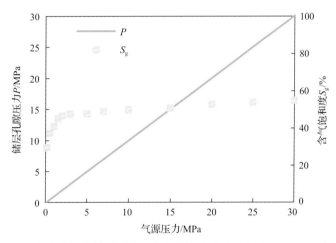

图 4-16 充注过程中储层压力、含气饱和度变化特征(K=38.1×10^{-3}μm^2)

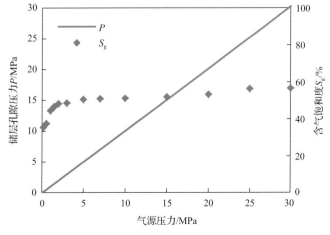

图 4-17 充注过程中储层压力、含气饱和度变化特征(K=49.1×10^{-3}μm^2)

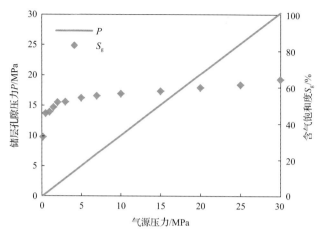

图 4-18 充注过程中储层压力、含气饱和度变化特征(K=99.4×10^{-3}μm²)

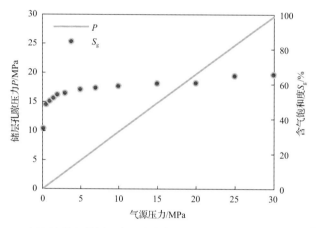

图 4-19 充注过程中储层压力、含气饱和度变化特征(K=118×10^{-3}μm²)

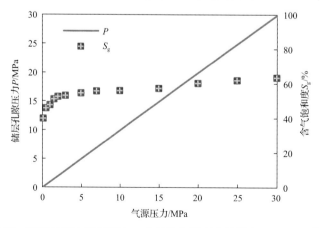

图 4-20 充注过程中储层压力、含气饱和度变化特征(K=126×10^{-3}μm²)

2. 常温封闭条件下气驱水动力充注至 30MPa 后低流量释放气体

释放气体过程中气流量与地层压力关系如图 4-21 所示。释放后岩心最终束缚水饱和度如表 4-3 所示。

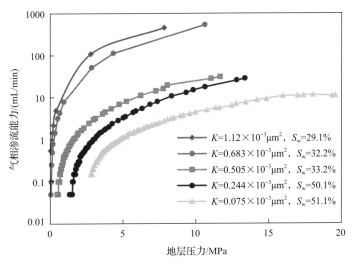

图 4-21　释放气体过程地层压力下降与气流量关系

表 4-3　释放后岩心最终束缚水饱和度

渗透率/$10^{-3}\mu m^2$	束缚水饱和度/%
1.12	29.1
0.683	32.2
0.505	33.2
0.244	50.1
0.075	51.1

3. 50℃封闭条件下气驱水动力充注实验

50℃封闭条件下气驱水动力充注成藏规律模拟实验研究结果如图 4-22~图 4-27 所示。

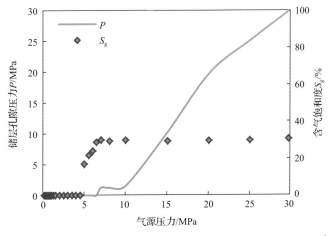

图 4-22　充注过程中储层压力、含气饱和度变化特征(K=0.075×$10^{-3}\mu m^2$)

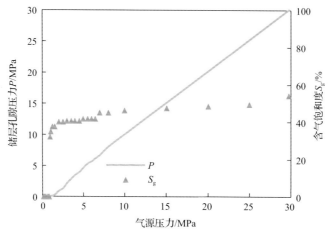

图 4-23   充注过程中储层压力、含气饱和度变化特征($K=0.505\times10^{-3}\mu m^2$)

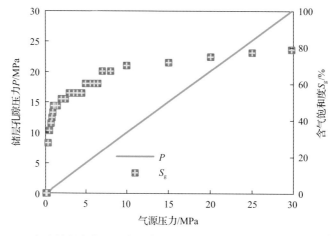

图 4-24   充注过程中储层压力、含气饱和度变化特征($K=0.683\times10^{-3}\mu m^2$)

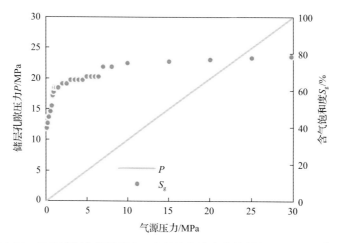

图 4-25   充注过程中储层压力、含气饱和度变化特征($K=1.12\times10^{-3}\mu m^2$)

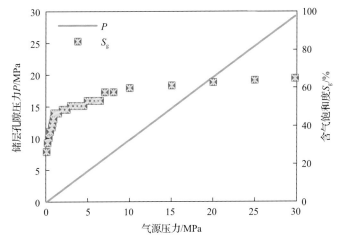

图 4-26　充注过程中储层压力、含气饱和度变化特征（$K=4.77\times10^{-3}\mu m^2$）

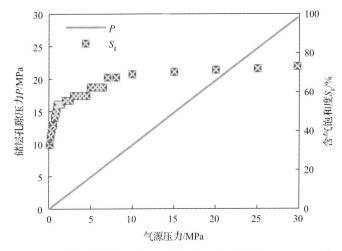

图 4-27　充注过程中储层压力、含气饱和度变化特征（$K=10.7\times10^{-3}\mu m^2$）

4.3　气驱水动力充注成藏特征

4.3.1　气驱水充注进气门限压力与物性及温度的关系

气驱水充注进气门限压力与储层物性关系密切，物性差异越大，进气门限压力差异也越大，渗透率越低的储层进气门限压力越高，渗透率越高的储层进气门限压力越低，这表明在同一气源压力条件下，高渗透率层会优先进气(图 4-28、表 4-4)。

对气驱水充注进气门限压力与储层物性关系进行统计分析，表现出以下特征。

(1)渗透率大于 $1\times10^{-3}\mu m^2$ 的储层，气驱水充注时储层进气能力强，实验中充注压力为 0.1MPa 时均能进气，表明成藏门限压力低于 0.1MPa，而且随着温度升高，成藏门限压力有所下降，表明实际地层温度条件的成藏门限压力比实验室常温条件下充注成藏门限压力要低(图 4-29)。

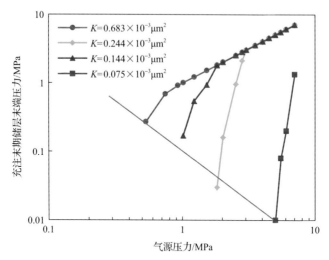

图 4-28　多层充注过程中储层门限压力特征

表 4-4　不同渗透率储层门限压力特征值(苏东 62-40 井)

常规渗透率 /$10^{-3}\mu m^2$	岩心长度/cm	充注过气起始压力/MPa	充注过气起始压力梯度/(MPa/cm)	起始压力下充注时间/min	逐级增压至起始压力累计充注时间/min	储层末端压力/MPa	储层含水饱和度/%	储层含气饱和度/%
0.683	3.790	0.53	14.0	4303	14369	0.27	75.8	24.2
0.244	3.654	1.82	49.8	2924	33988	0.03	81.3	18.7
0.144	3.596	1.01	28.1	4342	24369	0.17	78.0	22.0
0.075	3.619	5.52	152.5	6975	86821	0.08	82.7	17.3

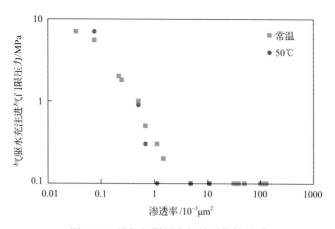

图 4-29　进气门限压力与储层物性关系

(2)渗透率小于 $1\times10^{-3}\mu m^2$ 的储层，随渗透率降低，进气门限压力升高，进气门限压力或进气门限压力梯度均可以用幂函数进行拟合，如图 4-30、图 4-31 和表 4-5 所示。

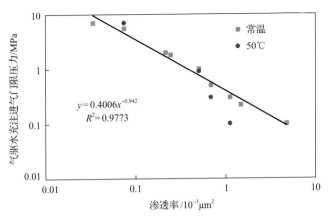

图 4-30   进气门限压力与储层物性采用幂函数拟合

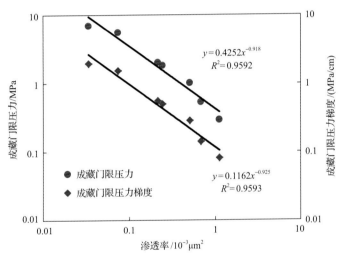

图 4-31   进气门限压力或门限压力梯度与储层物性采用幂函数拟合

表 4-5   不同渗透率储层的进气门限压力或门限压力梯度

渗透率/$10^{-3}\mu m^2$	进气门限压力/MPa	长度/cm	进气门限压力梯度/(MPa/cm)
126	0.10	3.152	0.03
118	0.10	3.274	0.03
99.4	0.10	3.387	0.03
49.1	0.10	3.494	0.03
38.1	0.10	3.527	0.03
30.8	0.10	3.467	0.03
32.3	0.10	7.122	0.01
10.7	0.10	3.494	0.03
4.77	0.10	3.625	0.03
1.47	0.22	7.172	0.03
1.12	0.30	3.594	0.08
0.683	0.50	3.790	0.13

渗透率/$10^{-3}\mu m^2$	进气门限压力/MPa	长度/cm	进气门限压力梯度/(MPa/cm)
0.505	1.00	3.564	0.28
0.244	1.80	3.654	0.49
0.216	2.00	3.598	0.56
0.075	5.52	3.619	1.53
0.034	7.00	3.551	1.97

4.3.2 充注过程中储层压力、含气饱和度与气源压力的关系

1. 气源压力与储层压力平衡过程

充注至储层两端压力平衡所需的气源压力因储层渗透率的差异而不同，高渗透率储层压力平衡快，低渗透率储层压力平衡慢，储层压力与气源压力平衡过程如图 4-32 所示，平衡点压力和储层含水饱和度如表 4-6 所示。

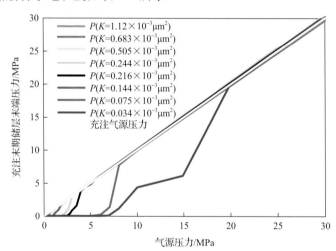

图 4-32 充注末期储层末端压力与气源压力平衡过程

表 4-6 平衡点压力和储层含水饱和度

岩心渗透率/$10^{-3}\mu m^2$	岩心长度/cm	两端压力平衡点压力/MPa	两端压力平衡点压力梯度/(MPa/m)	两端压力平衡点含水饱和度/%
1.12	3.594	0.50	14	56.9
0.683	3.79	0.92	24	70.6
0.505	3.564	2.5	70	61.9
0.244	3.654	3.03	83	73.7
0.216	3.598	3.98	111	57.9
0.075	3.619	10.12	280	77.7
0.034	3.551	19.87	560	71.4

从图 4-32 可以看出，储层孔隙压力与气源压力在充注初期并不能达到一致，表明天然气在充注成藏过程中需要损耗一定的能量进行排水，从而打通天然气运聚通道，但只

要气源压力充足，最终储层孔隙压力与气源压力能保持一致，这说明只有在气源压力充足的条件下成藏才能充分。

从表 4-6 可以看出，渗透率为 $1.12 \times 10^{-3} \mu m^2$ 的储层在较低的气源压力（0.5MPa，折算压力梯度为 14MPa/m）条件下充注即可达到平衡；渗透率为 $0.683 \times 10^{-3} \mu m^2$、$0.505 \times 10^{-3} \mu m^2$、$0.244 \times 10^{-3} \mu m^2$ 的储层，气源压力分别在 0.92MPa（折算压力梯度 24MPa/m）、2.5MPa（折算压力梯度 70MPa/m）、3.03MPa（折算压力梯度 83MPa/m）时达到平衡；而对于渗透率为 $0.075 \times 10^{-3} \mu m^2$、$0.034 \times 10^{-3} \mu m^2$ 的储层，只有当气源压力分别达到 10.12MPa（折算压力梯度 280MPa/m）、19.87MPa（折算压力梯度 560MPa/m）时才能达到平衡。这表明对于渗透率小于 $0.075 \times 10^{-3} \mu m^2$ 的致密储层，只有当气源压力达到足够高时，成藏过程中才能具备较高孔隙压力，否则当气源压力不足时容易形成低压气层。

分析平衡过程差异的原因：渗透率较高的储层其孔隙水在气相驱替作用下，呈有序降低，气相容易形成连续流动（图 4-33）；渗透率较低的储层其孔隙水在气相驱替作用下，呈无序降低，气相难以形成连续流动（图 4-34）。

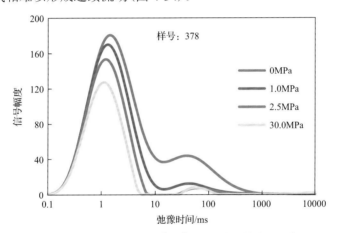

图 4-33　$K = 0.505 \times 10^{-3} \mu m^2$ 储层的核磁共振 T_2 谱

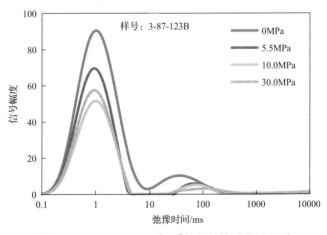

图 4-34　$K = 0.075 \times 10^{-3} \mu m^2$ 储层的核磁共振 T_2 谱

2. 动力充注成藏过程中的压力、含气饱和度变化规律

致密砂岩气藏气驱水动力充注成藏表现出三个过程(图 4-35 中的 I、II、III)。在气驱水动力充注成藏过程中,储层含气饱和度、储层孔隙压力变化规律与气藏储层物性、气源压力关系密切。从含气饱和度和孔隙压力变化规律来看,动力充注成藏过程可以分为三个阶段:I 阶段,在气源压力较低的充注初期,天然气以驱替孔隙水,拓展天然气的富集空间为主,表现出在成藏门限压力条件下,含气饱和度骤然升高(从 0%升高至 30%左右),储层孔隙压力基本无变化;II 阶段,随着气源压力逐级增加,天然气在进一步拓展富集空间的同时也在不断聚集能量,表现出储层含气饱和度随气源压力增加而逐渐增加,储层孔隙压力也随气源压力升高而逐级升高;III 阶段,随着气源压力进一步增加到高压阶段时,天然气以聚集能量为主,该阶段表现出含气饱和度随气源压力增加变化较平缓,但储层孔隙压力随气源压力增加而呈线性增加的趋势。

致密砂岩气藏气驱水动力充注成藏表现出以下三大特征,如图 4-35 所示。

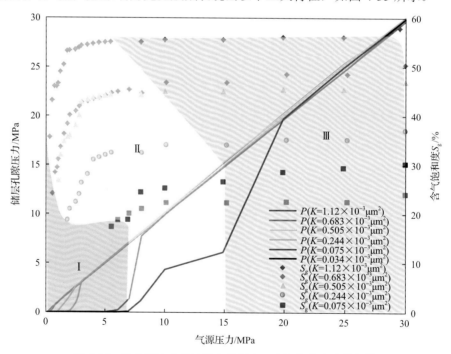

图 4-35   动力充注成藏过程中的压力、含气饱和度变化规律

(1)高渗透率储层一般都具有源储同压且高含气饱和度特征。在气源压力逐渐升高过程中,高渗透率储层孔隙压力随气源压力几乎是同步升高,充注至 30MPa 时,渗透率大于 $0.5\times10^{-3}\mu m^2$ 的储层其含气饱和度一般都在 50%以上,因此,在封闭完好的情况下,这类储层一般都是源储同压且最终含气饱和度较高。

(2) 致密储层在气源压力充足条件下，呈现出源、储同压但低含气饱和度特征。在气源压力逐渐升高过程中，储层孔隙压力在充注初期与气源压力并不能同步上升，储层孔隙压力上升滞后于气源压力，只有气源压力达到一定程度后(即气源压力充注时)，储层孔隙压力才能与气源压力保持同步上升，充注至 30MPa 时，渗透率小于 $0.5 \times 10^{-3} \mu m^2$ 的储层，其含气饱和度一般都在 40%以下。因此，在封闭完好的情况下，这类储层一般都是源储同压但最终含气饱和度较低。

(3) 致密储层在气源压力不充足时表现出低压、低含气饱和度特征。在气源压力逐渐升高过程中，储层孔隙压力在充注初期不能与气源压力同步上升，储层孔隙压力上升滞后于气源压力，只有气源压力达到一定程度后(即气源压力充注时)，储层孔隙压力才能与气源压力保持同步上升。因此，如果气源压力不充足，储层孔隙压力往往会低于气源压力，这类储层呈现出低压低含气饱和度特征。

3. 温度对动力充注成藏过程中储层压力、含气饱和度的影响

温度对动力充注成藏过程中压力、含气饱和度的影响如图 4-36 所示。50℃条件与常温条件对比可以得出，充注过程曲线形态相似，但进气门限压力更低，气源压力 30MPa 充注结束后的最终含气饱和度比常温条件下高 5%～10%。

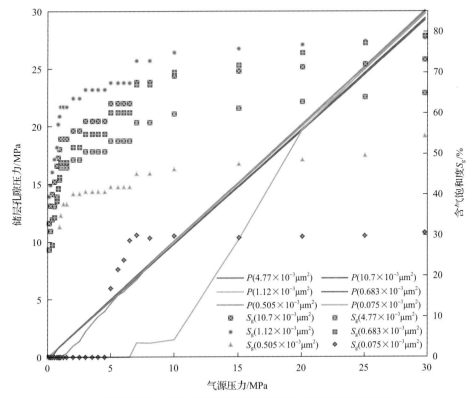

(a) 常温条件下动力充注成藏过程中储层孔隙压力、含气饱和度变化规律

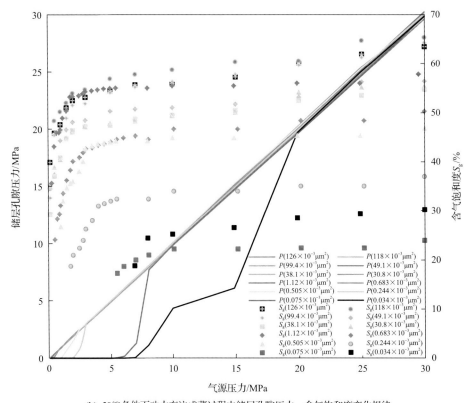

(b) 50℃条件下动力充注成藏过程中储层孔隙压力、含气饱和度变化规律

图 4-36   温度对动力充注成藏过程中储层孔隙压力、含气饱和度变化规律的影响

4.3.3 气驱水动力充注成藏后最终含气饱和度与储层物性及温度关系

气驱水动力充注成藏后最终含气饱和度与储层物性及温度关系如图 4-37 所示，分析可以得出如下结论。

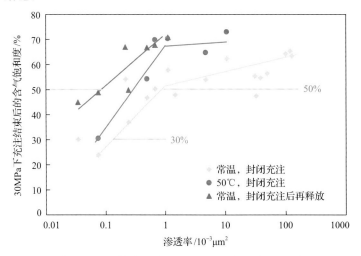

图 4-37   最终含气饱和度与储层物性及温度关系

（1）常温条件下，封闭条件充注实验，30MPa 充注结束后储层含气饱和度与渗透率关系密切，渗透率大于 $1\times10^{-3}\mu m^2$ 的储层，S_g=50%～70%；渗透率小于 $1\times10^{-3}\mu m^2$ 的储层，S_g=20%～50%。以此为基础进一步开展下一步实验。

（2）实验温度从常温升高至 50℃时开展气驱水动力充注实验，实验结束后最终含气饱和度在常温基础上升高 5%～10%。

（3）常温条件，30MPa 充注完毕后以低流量释放，释放后最终的含气饱和度在常温基础上升高 10%～15%。

4.4 含气饱和度评价方法研究

含气饱和度(S_g)、储层孔隙压力(P)与储层渗透率(K)是气藏储量评估和动用能力评价的关键参数，关于成藏运移规律也有大量文献研究[56-63]。目前，地层压力(P)通过井下压力计测试，储层渗透率(K)通过岩心实验测试、试井解释均能得到，但对于致密砂岩储层充注含气饱和度，测井技术面临低阻干扰、含气信号弱、强非均质识别难等困难，常规实验测试如气水相对渗透率、离心等技术均难以再现气藏充注全过程，特别是高压充注过程，因此，准确测定储层充注含气饱和度面临巨大挑战。

针对这一难题，综合考虑储层展布及物性差异特征、充注动力、地温条件、盖层封闭等要素，笔者团队建立了一套全序列砂岩储层充注含气饱和度测试实验方法，在鄂尔多斯盆地苏里格气田开展了系统的测试研究，取得了一定程度认识，为类似问题研究奠定了基础。

4.4.1 S_g-K-P 关系及充注含气饱和度计算方法

1. 充注过程压力特征

在充注过程中，随着储层孔隙压力的增加，含气饱和度也在增加，不同渗透率储层表现出来的含气饱和度增量值有所差异，根据不同渗透率储层的含气饱和度与储层孔隙压力的变化关系，形成了 S_g-K-P 关系实验测试图版（图 4-38）。分析可知含气饱和度与储层孔隙压力关系十分密切，随储层孔隙压力增加而增加，表现出三阶段特征：第Ⅰ阶段为储层压力较低的阶段，即在充注初期，进入孔隙的气体以驱替孔隙水、拓展气体富集空间为主，含气饱和度可以达到 15%～30%；第Ⅱ阶段为储层压力不大于 5MPa 的阶段，即随着气源压力逐级增加，天然气在进一步拓展富集空间的同时也在不断聚集能量，储层压力进一步增加，表现出储层含气饱和度随储层压力增加以较快速度增加的特征，含气饱和度可以达到 20%～55%；第Ⅲ阶段为储层压力大于 5MPa 的阶段，即随着气源压力进一步增加到高压阶段时，天然气以聚集能量为主，该阶段表现出含气饱和度随气源压力增加变化较平缓，充注至 30MPa 时含气饱和度可以达到 25%～65%。

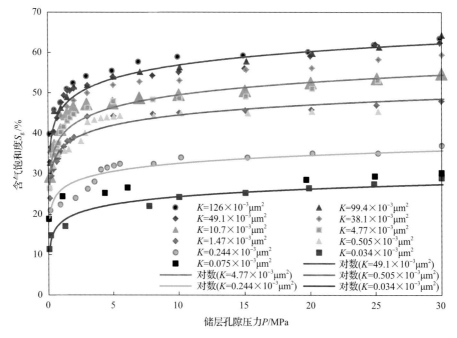

图 4-38 S_g-K-P 关系实验测试结果图版

2. 充注含气饱和度计算方法

从图 4-38 可以看出，充注含气饱和度与储层渗透率、储层孔隙压力关系密切，可以采用式(4-1)进行拟合：

$$S_g = a \ln P + b \ln K + c \tag{4-1}$$

式中，a、b、c 均为常数，根据实验测试或现场资料确定。

根据实验测试结果，对不同渗透率储层的 a、b、c 分别进行赋值（表 4-7）。根据表 4-7 的赋值，采用式(4-1)对典型岩心含气饱和度进行计算，并与实验测试结果进行了对比，结果吻合良好（图 4-39）。

表 4-7　不同渗透率储层的 a、b、c 赋值

渗透率/$10^{-3}\mu m^2$	a	b	c
≥50	3.0	1.8	45.0
10~50	3.5	2.0	40.0
1~10	4.5	3.0	35.0
0.5~1.0	5.0	2.0	33.0
0.1~0.5	5.0	2.0	25.0
≤0.1	7.0	2.0	15.0

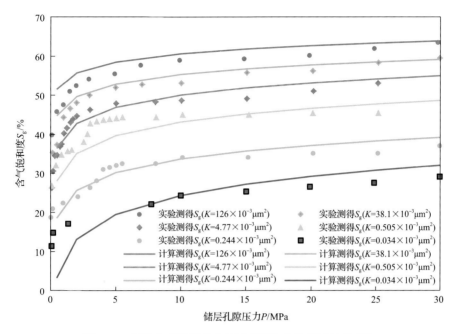

图 4-39　经验公式计算的含气饱和度与实验测试结果对比

4.4.2　典型储层含气饱和度预测与校正

以鄂尔多斯盆地苏里格气田为例，采用式(4-1)和表 4-7 中的参数，模拟计算充注压力 30MPa 条件下的不同渗透率储层含气饱和度，与实验测试结果及现场密闭取心结果进行了对比，结果吻合良好，建立了砂岩储层充注含气饱和度与渗透率关系图版(图 4-40)，对致密砂岩气藏储层含气性评价具有指导意义。

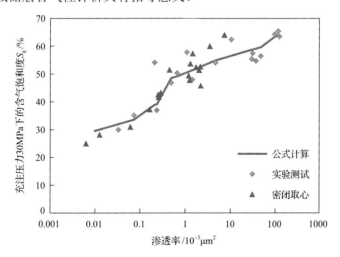

图 4-40　含气饱和度与储层渗透率关系图版

由图 4-40 分析可以得出，在充注压力 30MPa 条件下，含气饱和度与储层渗透率关系较密切：渗透率小于 $0.1 \times 10^{-3} \mu m^2$ 的储层，其充注含气饱和度一般低于 35%；渗透率

在 $0.1\times10^{-3}\sim1.0\times10^{-3}\mu m^2$ 的储层，其充注含气饱和度在 $35\%\sim60\%$；渗透率为 $1.0\times10^{-3}\sim10\times10^{-3}\mu m^2$ 的储层，其充注含气饱和度为 $45\%\sim70\%$；渗透率大于 $10\times10^{-3}\mu m^2$ 的储层，其充注含气饱和度大于 55%。

4.4.3 应用实例分析

以苏 14-15-52 取心井为基础，建立了不同渗透率储层储量划分方法，实现储量分类评价。对于同一口井来说，不同渗透率储层的参数如 A、T、P_i、Z_i、T_{sc}、P_{sc} 可以取为相同值，则某一渗透率储层的储量占总储量的比例可以通过式 (4-2) 进行计算：

$$\lambda_{k_i} = \frac{G_{k_i}}{G} = \frac{\phi_{k_i}h_{k_i}S_{g(k_i)}}{\sum G_{k_i}}, \qquad i = 1,2,3,\cdots,n \qquad (4\text{-}2)$$

式中，ϕ_{k_i} 为某一储层的有效孔隙度；h_{k_i} 为某一储层的有效厚度；$S_{g(k_i)}$ 为某一储层的含气饱和度；G_{k_i} 为某一储层有效孔隙度、有效厚度与含气饱和度的乘积，可以代表该储层的储量；G 为所有储层有效孔隙度、有效厚度与含气饱和度乘积之和，可以代表总储量；λ_{k_i} 为某一渗透率储层的储量占总储量的比例。

以苏 14-15-52 井为例，通过岩心测试获得储层渗透率、孔隙度参数 (图 4-41) 通过岩心统计可以获得不同渗透率储层的厚度，根据图 4-40 可以确定不同渗透率储层的含气饱和度，最后应用式 (4-2) 可以计算出不同渗透率储层的储量占总储量的比例 (表 4-8)，为储量分类评价提供依据。

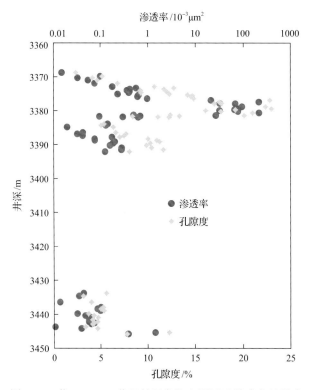

图 4-41　苏 14-15-52 井目的层段取心测试孔隙度和渗透率

表 4-8　不同渗透率储层储量比例

| 渗透率/$10^{-3}\mu m^2$ | | S_{gi}/% | ϕ/% | h/m | 储量比例/% |
区间	平均				
>1.0	10.60	70	18.90	3	25
0.5~1.0	0.67	55	13.63	5	24
0.1~0.5	0.24	45	8.97	8	20
<0.1	0.05	35	5.50	25	31

第5章　致密砂岩气水择优渗流机理

致密砂岩是一种典型的多孔介质，其渗流通道主要由纳米级到微米级孔喉组成，气、水渗流极其复杂，本书结合已有研究成果[65-77]，根据第2章对砂岩微观孔喉结构与物性特征的认识，采用气水相对渗透率实验、核磁共振、逐级增压气驱水、气藏衰竭开采物理模拟等多种实验技术手段，系统测试了致密砂岩储层单相水、单相气及气水两相渗流过程，研究了含水饱和度对气相渗流能力的影响，明确了束缚水条件下岩心尺度气相渗流启动压力，建立了束缚水饱和度下气相相对渗透率图版及单相水、单相气和气水两相渗流的饱和度分布图版，分析了微观孔喉中气水渗流作用机理，在达西渗流基础上，发展了考虑启动压力的达西渗流方程，揭示了砂岩微纳米孔喉中气、水择优渗流机理，为认识气藏开发规律及开发方案优化奠定了理论基础。

5.1　天然气渗流力学方程

5.1.1　岩石中天然气渗流力学参数

气藏储层岩石属于典型的多孔介质，孔喉空间中往往气、水同时存在，因此，天然气在岩石孔隙中渗流时主要受吸附力、毛细管压力、水相重力、静摩擦力及沿程渗流阻力等作用，这些力往往会降低气相渗流能力。

1. 吸附力

流体与岩石表面作用产生的作用力称为吸附力。由于吸附力作用，在孔喉空间岩石表面产生吸附层，降低天然气渗流通道，对于天然气渗流来说，这种力通常是阻力，其表达式如下：

$$P_a = \frac{2\sigma}{r_c} \tag{5-1}$$

式中，P_a 为吸附力，MPa；σ 为界面张力，$N \cdot m^{-1}$；r_c 为孔喉，μm。

2. 毛细管压力

毛细管压力是指在毛细管中产生的液面上升或下降的曲面附加压力，其大小与界面张力、岩石润湿性及孔隙半径等有关。它是研究岩石孔隙结构及岩石中两相渗流所必需的资料，也是油层物理学的重要内容之一。国内外学者对毛细管压力进行了大量研究，主要集中在以下两个方面。

(1) 对湿相和非湿相流体界面达到平衡状态的静态毛细管压力的研究,认为毛细管压力是湿相饱和度的函数。多数中国学者只研究了油水界面平衡状态下的静态毛细管压力及其对低渗透油藏水驱油效果的影响,认为毛细管压力只是含水饱和度的函数。

(2) 对湿相和非湿相流体界面未达到平衡状态时的动态毛细管压力的研究。以Hassanizadeh 为代表的国外学者研究了动态毛细管压力的效应[78],认为在非稳态运动过程中,毛细管压力不断变化,其不仅是湿相流体饱和度的函数,还受湿相流体饱和度变化率的影响。

只有少数国内学者对湿相和非湿相流体界面非平衡状态下的动态毛细管压力开展了研究工作。王中才等[79]通过微米级毛细管水油驱替实验研究了毛细管压力的变化,他们利用圆柱形石英毛细管来模拟多孔介质,发现了纯水驱替正癸烷过程中毛细管压力的变化现象,但没有对动态毛细管压力的作用机理做详细论述,对其影响规律也未做定量描述[2]。

对于气藏开发来讲,岩石毛细管压力是渗流阻力,其计算表达式如下:

$$P_c = \frac{2\sigma\cos\theta}{r_c} \tag{5-2}$$

式中,P_c 为毛细管压力(绝对压力),MPa;θ 为润湿接触角,(°)。

岩石毛细管压力与孔喉半径成反比关系,孔喉越细小,则毛细管压力越大,气藏开发过程要达到相同气流量所需消耗的能量越大。

3. 水相重力

对于气藏来讲,水相重力对气相渗流的影响主要是指赋存于储层岩石孔喉中的水或者气藏开发过程中边底水侵入储层内部所产生的力(用 G_w 表示)。当气体垂直向上渗流突破含水层时,需要克服水相重力影响;当气体水平渗流时无需考虑水相重力的影响。

4. 静摩擦力

储层岩石孔隙内部的水与岩石表面接触,在天然气开采过程中,气相向井筒流动需要突破水相封堵时,克服水相与岩石表面产生力,一般用 f 表示。静摩擦力的大小可在 $0\sim f_{max}$ 间变化($0<f\leqslant f_{max}$,其中 f_{max} 为最大静摩擦力,与流体正压力有关),一般根据物体的运动状态由平衡条件或牛顿定律来求解。其表达如下:

$$f_{max} = \mu N \tag{5-3}$$

式中,f_{max} 是最大静摩擦力;N 为流体正压力;μ 是最大静摩擦因数。μ 很难得到,所以一般用受力平衡的方法求最大静摩擦力。用一个力推物体,当它恰好不滑动时即为最大静摩擦力。最大静摩擦力接近滑动摩擦力,有时候可近似认为两者相等。

5. 沿程渗流阻力

气水运移过程中沿程阻力是由于流体内摩擦力而产生的压力梯度，其大小与路程长度和流速的平方成正比，与岩石孔喉尺寸成反比。沿程渗流阻力计算式如下：

$$f_{阻} = \mu_k \frac{L}{r_c} \frac{v^2}{g} \tag{5-4}$$

式中，$f_{阻}$ 为沿程渗流阻力，MPa；μ_k 为沿程阻力系数，无因次；L 为渗流路径长度，m；v 为端面平均流速，m/s，它与气水渗流路径和渗流速度密切相关。

5.1.2 天然气渗流力学方程

基于以上力学参数分析可知，地层条件下天然气渗流需克服上述阻力才能产生流动，可建立岩石中天然气渗流力学方程：

$$\Delta P = \frac{2\sigma}{r_c} + \frac{2\sigma\cos\theta}{r_c} + \mu N + G_w + \mu_k \frac{L}{r_c} \frac{v^2}{g} \tag{5-5}$$

式中：ΔP 为气相渗流压差，MPa。

根据天然气藏储层实际条件，可将上述天然气渗流力学方程做如下简化。

1. 单相气体渗流

根据常见气体分子直径与实验测试的不同渗透率岩心的孔喉尺寸进行对比可以看出，即使是致密储层，岩心喉道直径绝大部分在 0.001μm 以上，对于单个气体分子而言，在岩心孔喉空间中可以畅通无阻。因此，对于储层岩石孔喉空间不含水或者只有束缚水，天然气以单相气体渗流，则界面张力、毛细管压力、水相重力、静摩擦力可以忽略，只需克服沿程流动阻力即可产生流动。气相渗流压差大小主要由孔喉大小、渗流路径、沿程渗流阻力系数及气体流速等因素决定，单相气体渗流方程可以表示为

$$\Delta P = \mu_k \frac{L}{r_c} \frac{v^2}{g} \tag{5-6}$$

2. 高含水储层气相渗流

当储层岩石孔喉空间赋存含水饱和度较高时，一方面水相要占据一部分孔喉空间导致气相渗流通道减小，甚至在一些细小孔喉出现聚集从而封堵气相渗流通道。因此，对于含水饱和度较高的气层，天然气渗流需克服吸附力、毛细管压力、静摩擦力和沿程流动阻力，气相渗流压差大小主要受岩石表面性质、孔喉大小、渗流路径、沿程渗流阻力系数及气体流速等因素影响。此时，气水两相渗流方程可以表示为

$$\Delta P = \frac{2\sigma}{r_{\rm c}} + \frac{2\sigma \cos\theta}{r_{\rm c}} + \mu N + \mu_{\rm k} \frac{L}{r_{\rm c}} \frac{\upsilon^2}{g} \qquad (5\text{-}7)$$

3. 水侵气藏气相渗流

当气藏边底水较活跃，气藏开发过程中边底水沿断裂、裂缝发生非均匀水侵时，水相侵入基质导致气相渗流通道较小，水侵严重时形成水封层封堵气相渗流通道。因此，对于发生水侵的气藏，天然气渗流需克服界面张力、毛细管压力、静摩擦力、水相重力和沿程流动阻力，气相渗流压差大小主要受岩石表面性质、孔喉大小、渗流路径、水封层厚度、沿程渗流阻力系数及气体流速等因素影响，此时气水两相渗流方程可以表示为式(5-5)的形式。

5.1.3　影响天然气渗流的关键因素

由上述天然气渗流力学方程可以看出，影响储层岩石中天然气渗流的关键因素如下。

(1)表面张力，与流体性质、温度、浓度等相关。

(2)润湿接触角，与岩石表面粗糙度、岩石及流体性质、温度和空气的湿度等因素相关。

(3)渗流通道大小，微观尺度渗流通道大小主要受岩石孔喉结构、上覆岩层和含水饱和度大小及分布影响；宏观尺度渗流通道大小主要受水侵波及形态即基质含水量及含水层厚度的影响。

(4)流体正压力，与含水层含水饱和度大小和分布、水侵层水侵量及水侵波及形态相关。

(5)静摩擦因数、沿程阻力系数($\mu_{\rm k}$)，与流体及岩石表面性质相关。

(6)水相重力，与含水层含水饱和度大小和分布、水侵层水侵量和水侵波及形态及天然气渗流方向相关。

(7)渗流路径长度，与含水层含水饱和度大小和分布、水侵层水侵量及水侵波及形态，以及井控、缝控程度相关。

(8)气体端面平均流速，与水淹层特征、气层能量和产能需求相关。

(9)气相渗流压差，与上述八种因素均相关。

5.2　单相气体渗流特征

5.2.1　常见气体平均有效直径与岩心喉道特征

1. 气体分子直径与平均孔喉直径关系

根据常见气体分子直径与实验测试的不同渗透率岩心孔喉尺寸对比结果，建立岩心喉道尺寸与气体分子直径之间关系图版，如图 5-1 所示。分析可以看出，即使是致密储层，岩心喉道直径绝大部分在 0.001μm 以上，对于单个气体分子而言，在致密岩心中可以畅通无阻。

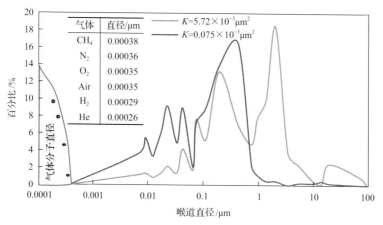

图 5-1　岩心喉道直径与气体分子直径间关系

2. 气体分子平均自由程与平均孔喉直径关系

气体分子无时无刻不在做无规则运动，一般采用气体分子平均自由程来描述：

$$\overline{\lambda} = \frac{k_B T}{\sqrt{2}\pi d^2 p} \tag{5-8}$$

式中，$\overline{\lambda}$ 为分子平均自由程，m；p 为压强，Pa；T 为开尔文温度，K；k_B 为玻尔兹曼常数，$k_B = 1.38066 \times 10^{-23}$J/K；$d$ 为分子直径，m。

由式(5-8)可见，气体分子平均自由程与压力关系较大，通过分析空气、氮气、甲烷分子平均自由程随压力变化特征，建立了三种类型气体分子平均自由程与岩心喉道半径关系，如图 5-2 所示。对于渗透率小于 1.0×10^{-3}μm^2 的岩心，在 0.1MPa 压力条件下有

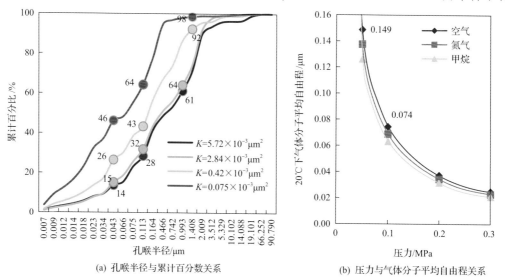

(a) 孔喉半径与累计百分数关系　　　　(b) 压力与气体分子平均自由程关系

图 5-2　气体分子平均自由程与平均孔喉半径关系

30%~50%孔喉尺寸小于空气、氮气和甲烷气体分子平均自由程，在 0.05MPa 压力条件下有 40%~55%孔喉尺寸小于空气、氮气和甲烷气体分子平均自由程。

理论分析表明，在低压条件下，气体分子平均自由程大于孔喉尺寸(克努森数 $Kn \geqslant 1$)，气体在孔喉内流动受分子与孔壁碰撞作用支配，为扩散流；在高压条件下，气体分子平均自由程小于孔喉尺寸($Kn<1$)，气体在孔喉内渗流受分子之间相互碰撞作用支配[59-63]，为黏性流。

5.2.2 砂岩储层气相渗流典型实验曲线

不同渗透率砂岩的孔喉结构与渗流特征差异显著，为了揭示不同渗透率砂岩中气体渗流规律，在量化评价砂岩微观孔喉结构与渗流通道基础上，采用物理模拟实验，分别测试了干燥、含水 20%和 50%条件下不同气驱压力(P)时的气体流量(Q_g)，在考虑气体偏差因子、黏度与压力关系基础上，建立了 $P/(Z\mu)$ 与 Q_g 关系曲线，形成了气相渗流形态图版，明确了砂岩储层供气能力与气驱压差的关系特征。

1. 实验岩心参数

实验选用气田储层天然岩心，岩性均为砂岩，常规空气渗透率分别为 $30.5 \times 10^{-3} \mu m^2$、$4.03 \times 10^{-3} \mu m^2$、$0.345 \times 10^{-3} \mu m^2$、$0.123 \times 10^{-3} \mu m^2$、$0.061 \times 10^{-3} \mu m^2$、$0.012 \times 10^{-3} \mu m^2$、$0.0081 \times 10^{-3} \mu m^2$、$0.0043 \times 10^{-3} \mu m^2$，分别在岩心含水饱和度为 0%，20%，50%条件下开展相关实验，详细参数如表 5-1 所示。

表 5-1 砂岩岩心实验参数

序号	渗透率/$10^{-3} \mu m^2$	长度/cm	直径/cm	含水饱和度 S_w/%		
				0%	20%	50%
1	30.5	3.326	2.512	52.8	22.7	0.0
2	4.03	3.988	2.538	49.1	20.4	0.0
3	0.345	3.818	2.491	52.7	21.3	0.0
4	0.123	3.178	2.488	49.1	22.4	0.0
5	0.061	4.048	2.490	48.9	22.2	0.0
6	0.012	3.853	2.495	50.7	17.5	0.0
7	0.0081	4.229	2.498	47.6	13.2	0.0
8	0.0043	4.366	2.500	46.8	19.5	0.0

2. 实验方法

采用"流量-压差法"分别对每块岩心在特定含水饱和度条件下开展实验测试，气驱压差从 0.01MPa 逐级增加至 8.0MPa，测试每个气驱压力下的稳定气流量，测试均在室内常温条件下进行。

3. 实验结果

考虑气体的黏度、偏差因子都是压力的函数，因此，将实验压力 P 转化成 P/Z，将实验黏度μ计算到对应驱替压力的黏度，结果如表 5-2 所示。

表 5-2 实验参数转换结果

实验压力/MPa	Z	(P/Z)/MPa	不同压力下气体黏度 μ/(mPa·s)	$P/(Z/\mu)$/[MPa/(mPa·s)]
0.01	0.998	0.010	0.0173	0.6
0.02	0.998	0.020	0.0173	1.2
0.03	0.998	0.030	0.0173	1.7
0.05	0.998	0.050	0.0173	2.9
0.07	0.998	0.070	0.0173	4.1
0.10	0.998	0.100	0.0173	5.8
0.20	0.998	0.200	0.0173	11.6
0.30	0.997	0.301	0.0173	17.4
0.50	0.997	0.502	0.0174	28.9
0.70	0.997	0.702	0.0174	40.4
1.00	0.996	1.004	0.0174	57.7
1.50	0.995	1.507	0.0175	86.3
2.00	0.994	2.011	0.0175	114.7
3.00	0.994	3.019	0.0177	171.0
4.00	0.993	4.027	0.0178	226.2
6.00	0.994	6.036	0.0181	332.8
8.00	0.997	8.023	0.0185	433.3

根据计算后的结果建立 $P/(Z\mu)$ 与气体流量 Q_g 的关系，含水饱和度分别为 0%、20%、50%时的结果分别如图 5-3～图 5-5 所示。

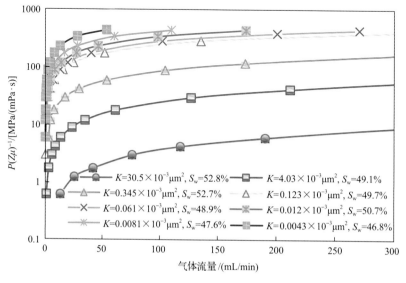

图 5-3 岩心不含水时的实验结果

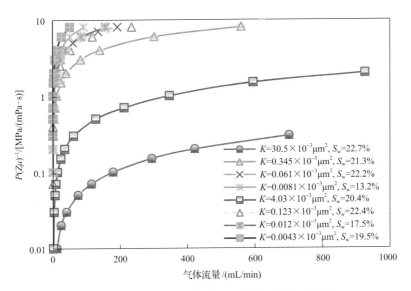

图 5-4　岩心含水饱和度为 20%左右时的实验结果

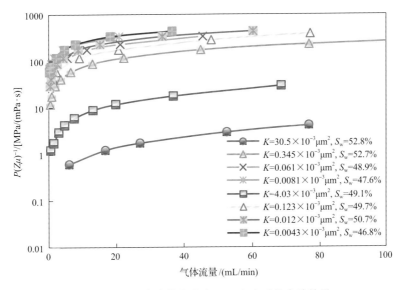

图 5-5　岩心含水饱和度为 50%左右时的实验结果

(1)在考虑压力、黏度影响条件下，气体需要突破一定的门槛压力才能在砂岩中产生有效流动，渗透率越低、含水饱和度越高，则门槛压力越大。

(2)当气驱压力突破门槛压力后，气体在砂岩中渗流时表现出黏性流特征，在岩心尺寸一定的条件下，$P/(Z\mu)$ 与气体流量 Q_g 的关系会随气驱压力增加而发生由非线性关系到线性关系的变化，在致密砂岩中，这种现象尤为明显。

根据实验结果，统计气相渗流门槛压力、渗流特征界限与渗透率、含水饱和度的关系，建立气相渗流形态图版(图 5-6)。分析表明，渗透率大于等于 $1.0\times10^{-3}\mu m^2$ 的砂岩，即使含水饱和度达到 50%，实验也难以有效检测气相渗流启动压力，以线性渗流为主；

渗透率为 $1.0 \times 10^{-3} \sim 0.1 \times 10^{-3} \mu m^2$ 的砂岩，在含水饱和度为 0%和 20%时，实验难以有效检测气相渗流启动压力；当含水饱和度达到 50%时，通过实验可以检测出气相渗流启动压力，当气驱压差大于 1.0MPa 时以线性渗流为主，渗透率越低、含水饱和度越高则达到线性渗流的气驱压差越大；渗透率小于等于 $0.1 \times 10^{-3} \mu m^2$ 的砂岩，当含水饱和度为 20%时，即可检测到气相渗流启动压力，当气驱压差大于 3.0MPa 时才能达到线性渗流。

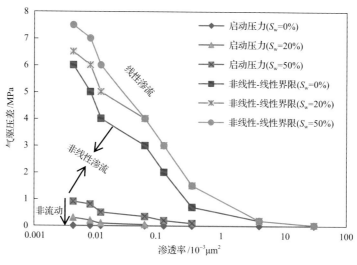

图 5-6　气相渗流形态图版

5.2.3　不同含水饱和度条件下气相渗流特征

选择不同渗透率的 6 组岩心，开展了 29 组不同含水条件下气相渗流实验。实验岩心物性和含水饱和度数据如表 5-3 所示。

表 5-3　物性和含水饱和度参数

序号	孔隙度/%	渗透率/$10^{-3}\mu m^2$	长度/cm	直径/cm	含水饱和度/%
1	17.6	30.5	3.33	2.51	0
2	17.6	30.5	3.33	2.51	24.6
3	17.6	30.5	3.33	2.51	43.4
4	17.6	30.5	3.33	2.51	52.9
5	13.2	4.03	3.99	2.54	21.5
6	13.2	4.03	3.99	2.54	31.3
7	13.2	4.03	3.99	2.54	39.8
8	13.2	4.03	3.99	2.54	49.5
9	13.2	4.03	3.99	2.54	60.1
10	10.1	0.345	3.82	2.49	0
11	10.1	0.345	3.82	2.49	21.3
12	10.1	0.345	3.82	2.49	37.2
13	10.1	0.345	3.82	2.49	52.7
14	10.1	0.345	3.82	2.49	69.9
15	6.9	0.237	3.86	2.49	0

续表

序号	孔隙度/%	渗透率/$10^{-3}\mu m^2$	长度/cm	直径/cm	含水饱和度/%
16	6.9	0.237	3.86	2.49	25.5
17	6.9	0.237	3.86	2.49	32.6
18	6.9	0.237	3.86	2.49	48.2
19	6.9	0.237	3.86	2.49	56.2
20	7.3	0.061	4.05	2.49	0
21	7.3	0.061	4.05	2.49	22.2
22	7.3	0.061	4.05	2.49	36.4
23	7.3	0.061	4.05	2.49	41.8
24	7.3	0.061	4.05	2.49	48.9
25	4.9	0.016	3.86	2.49	0
26	4.9	0.016	3.86	2.49	17.5
27	4.9	0.016	3.86	2.49	24.3
28	4.9	0.016	3.86	2.49	55.2
29	4.9	0.016	3.86	2.49	69.9

1. 渗透率为 $30.5\times10^{-3}\mu m^2$

在岩心孔隙度为 17.6% 和渗透率为 $30.5\times10^{-3}\mu m^2$ 的岩心上，开展了不同含水条件下逐级增压气驱实验，实验结果如图 5-7 所示。

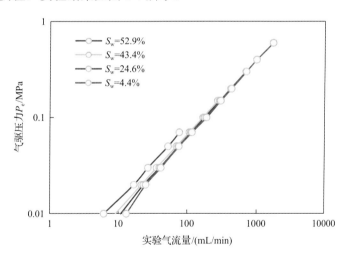

图 5-7　不同含水条件下气驱压力与气流量关系(渗透率 $30.5\times10^{-3}\mu m^2$)

由图 5-7 可见，对于该类储层，即使含水饱和度达到 52.9%，在气驱压力为 0.01MPa 时，气相流量仍有 6.1mL/min。因此，对于该类储层，气体渗流能力强，即使在较高含水条件下也测不出气相渗流启动压力。

2. 渗透率为 $4.03\times10^{-3}\mu m^2$

在孔隙度为 13.2% 和渗透率为 $4.03\times10^{-3}\mu m^2$ 岩心上，开展了不同含水条件下逐级增压气驱实验，实验结果如图 5-8 所示。

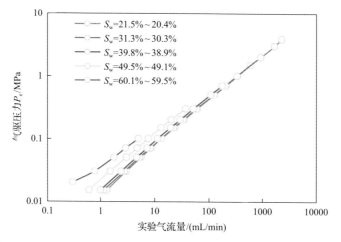

图 5-8 不同含水条件下气驱压力与气流量关系(渗透率 $4.03\times10^{-3}\mu m^2$)

由图 5-8 可见，对于该类储层，即使含水饱和度达到 60.1%，在气驱压力 0.015MPa 时气相流量仍有 0.3mL/min。因此，对于这类储层，气体渗流能力强，即使在较高含水条件下也测不出气相渗流启动压力。

3. 渗透率为 $0.345\times10^{-3}\mu m^2$

在孔隙度为 10.1%和渗透率为 $0.345\times10^{-3}\mu m^2$ 岩心上，开展了不同含水条件下逐级增压气驱实验，实验结果如图 5-9 所示。

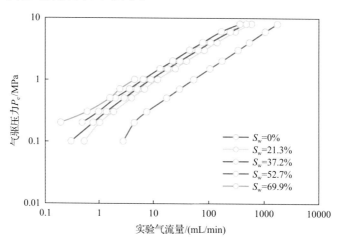

图 5-9 不同含水条件下气驱压力与气流量关系(渗透率 $0.345\times10^{-3}\mu m^2$)

从图 5-9 可以看出，对于该类储层，一旦含水，气体渗流能力明显下降。在气驱压力 0.1MPa 条件下，即使含水饱和度仅为 21.3%，气体流量也只有 0.5mL/min。因此，对于这类储层，一旦含水，只有当气驱压力大于启动压力时才能产生有效流动。通过对气驱压力与气流量进行回归拟合，可以确定该类储层在不同含水条件下气相渗流启动压力，结果如表 5-4 所示。

表 5-4　气相渗流启动压力(渗透率 $0.345\times10^{-3}\mu m^2$)

含水饱和度/%	启动压力/MPa
0	
21.3	0.0309
37.2	0.0471
52.7	0.1057
69.9	0.1636

4. 渗透率为 $0.237\times10^{-3}\mu m^2$

在孔隙度为 6.9%和渗透率为 $0.237\times10^{-3}\mu m^2$ 岩心上，开展了不同含水条件下逐级增压气驱实验，实验结果如图 5-10 所示。

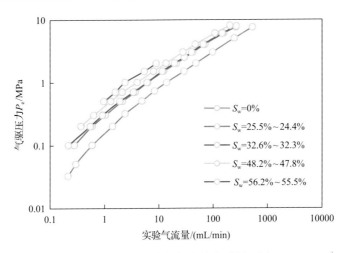

图 5-10　不同含水条件下气驱压力与气流量关系(渗透率 $0.237\times10^{-3}\mu m^2$)

由图 5-10 可见，对于该类储层，一旦含水，气相渗流能力明显下降。在气驱压力 0.1MPa 条件下，即使含水饱和度仅为 25.5%，气体流量也只有 0.3mL/min。因此，对于这类储层，在含水条件下，只有当气相驱替压力大于启动压力时才能产生有效流动。通过对气驱压力与气流量进行回归拟合，可以确定该类储层在不同含水条件下气相渗流启动压力，结果如表 5-5 所示。

表 5-5　气相渗流启动压力(渗透率 $0.237\times10^{-3}\mu m^2$)

含水饱和度/%	启动压力/MPa
0	
25.5	0.033
32.6	0.0391
48.2	0.0915
56.2	0.1322

5. 渗透率 $0.061\times10^{-3}\mu m^2$

在孔隙度为 7.3% 和渗透率为 $0.061\times10^{-3}\mu m^2$ 岩心上，开展了不同含水条件下逐级增压气驱实验，实验结果如图 5-11 所示。

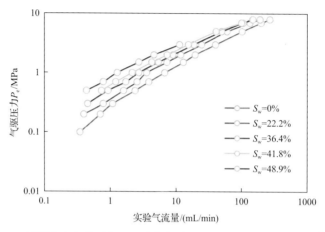

图 5-11 不同含水条件下气驱压力与气流量关系(渗透率 $0.061\times10^{-3}\mu m^2$)

从图 5-11 可以看出，对于该类储层，一旦含水气相渗流能力明显下降。在气驱压力 0.2MPa 条件下，即使含水饱和度为 22.2% 时，气体流量也只有 0.39mL/min。因此，对于这类储层，在含水条件下，只有当气相驱替压力大于启动压力时才能产生有效流动。通过对气驱压力与气流量进行回归拟合，可以确定该类储层在不同含水条件下气相渗流启动压力，结果如表 5-6 所示。

表 5-6 气相渗流启动压力(渗透率 $0.061\times10^{-3}\mu m^2$)

含水饱和度/%	启动压力/MPa
0	
22.2	0.1002
36.4	0.22
41.8	0.35
48.9	0.43

6. 渗透率为 $0.016\times10^{-3}\mu m^2$

在孔隙度为 4.9% 和渗透率为 $0.016\times10^{-3}\mu m^2$ 岩心上，开展了不同含水条件下逐级增压气驱实验，实验结果如图 5-12 所示。

由图 5-12 可见，对于该类储层，一旦含水，气相渗流能力明显下降。在气驱压力 0.2MPa 条件下，即使含水饱和度为 17.5% 时，气体流量也只有 0.3mL/min。因此，对于这类储层，在含水条件下，只有当气相驱替压力大于启动压力时才能产生有效流动。通过对气驱压力与气流量进行回归拟合，可以确定该类储层在不同含水条件下气相渗流启动压力，结果如表 5-7 所示。

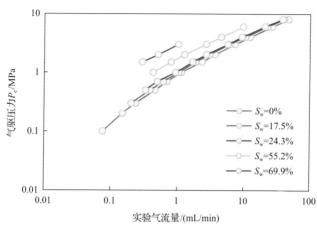

图 5-12　不同含水条件下气驱压力与气流量关系（渗透率 $0.016\times10^{-3}\mu m^2$）

表 5-7　气相渗流启动压力（渗透率 $0.016\times10^{-3}\mu m^2$）

含水饱和度/%	启动压力/MPa
0	
17.5	0.1087
24.3	0.4
55.2	0.8
69.9	1.2

　　根据上述实验测试结果，建立了气相有效渗流启动压力与砂岩渗透率及含水饱和度三者之间的关系，如图 5-13 所示。

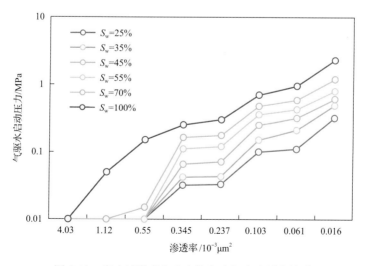

图 5-13　岩心渗透率和含水饱和度与启动压力关系

由图 5-13 可见，当储层岩心渗透率小于等于 $0.345\times10^{-3}\mu m^2$ 时，一旦储层孔隙含水，就会产生气相渗流启动压力，且岩心渗透率越低，含水饱和度越高，气相渗流启动压力越大。

5.3　气水两相渗流特征

5.3.1　砂岩基质气水相对渗透率实验曲线

依据标准《岩石中两相流体相对渗透率测定方法》（GB/T 28912—2012），分别选用直径×长度=2.5cm×10cm、渗透率为 $0.0133\times10^{-3}\sim14.22\times10^{-3}\mu m^2$ 的砂岩岩心开展常规气水相对渗透率实验，根据气水相对渗透率曲线形态特征，划分三种类型。

Ⅰ类：渗透率大于 $1.0\times10^{-3}\mu m^2$ 的砂岩岩心，这类岩心气相和水相均能够实现较好的流动，气水两相共渗区间较大（含水饱和度为 24.6%～82.8%）。进一步细分还可发现，对于渗透率 $5.11\times10^{-3}\sim14.22\times10^{-3}\mu m^2$ 的砂岩岩心，束缚水饱和度为 24.6%～27.2%；渗透率 $1.23\times10^{-3}\sim5.11\times10^{-3}\mu m^2$ 的砂岩岩心，束缚水饱和度为 35.0%～41.0%。当岩心中含水饱和度低于该值时，呈现单相气体渗流。从水相渗流来看，当岩心中含水饱和度达到 70% 以上时，呈现单相水渗流（图 5-14）。

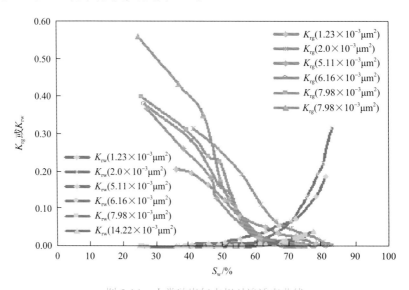

图 5-14　Ⅰ类砂岩气水相对渗透率曲线

Ⅱ类：渗透率为 $0.1\times10^{-3}\sim1.0\times10^{-3}\mu m^2$ 的砂岩岩心，该类岩心气相和水相流动性明显变差。与Ⅰ类砂岩岩心相比较，气水两相共渗区间较小（含水饱和度为 43.2%～86.3%），束缚水饱和度为 43.2%～51.7%。当岩心中含水饱和度低于该值时形成气体单相渗流。从水相渗流来看，当岩心中含水饱和度达到 80% 以上时，岩心中呈现单相水渗流（图 5-15）。

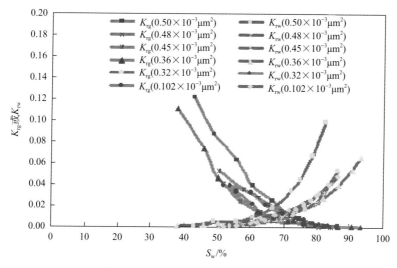

图 5-15　Ⅱ类砂岩气水相对渗透率曲线

　　Ⅲ类：渗透率小于 $0.1\times10^{-3}\mu m^2$ 的砂岩岩心，这类岩心气相和水相流动性均很差，气水两相共渗区间很小(含水饱和度为 50%～91.3%)，束缚水饱和度为 50%～63.7%。这类岩心中很难形成单相气体渗流。从水相渗流来看，当岩心中含水饱和度达到 85% 以上时才能形成单相水渗流(图 5-16)。

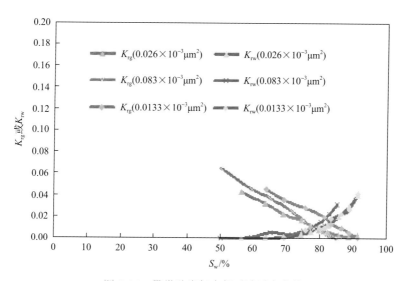

图 5-16　Ⅲ类砂岩气水相对渗透率曲线

5.3.2　砂岩基质束缚水饱和度与岩心渗透率关系

　　根据不同渗透率气相相对渗透率曲线特征，建立了砂岩基质束缚水饱和度与岩心渗透率关系图版(图 5-17)，分析渗透率对束缚水饱和度的影响，可以划分为四种类型[27]。

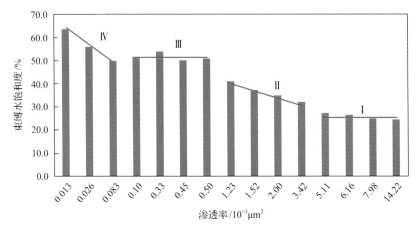

图 5-17　束缚水饱和度与岩心渗透率关系

Ⅰ类：当岩心渗透率大于等于 $5.11\times10^{-3}\mu m^2$ 时，束缚水饱和度小于 30%。随岩心渗透率的增加，束缚水饱和度逐渐降低，但降低幅度较小。

Ⅱ类：当岩心渗透率 $0.5\times10^{-3}\sim5.11\times10^{-3}\mu m^2$ 时，束缚水饱和度为 30%～45%。随岩心渗透率的增加，束缚水饱和度逐渐降低，相比Ⅰ类岩心，其降低幅度增大。

Ⅲ类：当岩心渗透率 $0.1\times10^{-3}\sim0.5\times10^{-3}\mu m^2$ 时，束缚水饱和度为 45%～50%。随岩心渗透率的增加，束缚水饱和度基本保持不变。

Ⅳ类：当岩心渗透率小于 $0.1\times10^{-3}\mu m^2$ 时，束缚水饱和度为 50%～60%。随岩心渗透率的增加，束缚水饱和度逐渐降低，相比Ⅰ类和Ⅱ类岩心，其降低幅度最大。

在分析渗透率对砂岩储层基质束缚水饱和度影响的基础上，综合岩心孔隙结构特征，分类研究岩心微观孔隙结构对束缚水饱和度的影响（表 5-8）。

表 5-8　实验岩心的孔隙结构

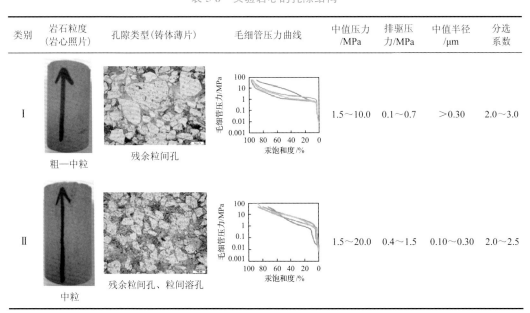

类别	岩石粒度 （岩心照片）	孔隙类型（铸体薄片）	毛细管压力曲线	中值压力 /MPa	排驱压力/MPa	中值半径 /μm	分选系数
Ⅰ	粗—中粒	残余粒间孔		1.5～10.0	0.1～0.7	＞0.30	2.0～3.0
Ⅱ	中粒	残余粒间孔、粒间溶孔		1.5～20.0	0.4～1.5	0.10～0.30	2.0～2.5

类别	岩石粒度(岩心照片)	孔隙类型(铸体薄片)	毛细管压力曲线	中值压力/MPa	排驱压力/MPa	中值半径/μm	分选系数
Ⅲ	中—细粒	粒间溶孔、粒内溶孔		3.0～30.0	0.4～3.2	0.015～0.10	1.0～2.5
Ⅳ	细—微粒	粒内溶孔、杂基孔		4.0～50.0	0.5～3.7	<0.015	0.5～2.0

Ⅰ类：以中—粗粒砂岩为主的岩心，其孔隙类型主要为残余粒间孔，孔隙喉道主要为缩小型喉道，中值半径大于 $0.3\mu m$，喉道分选系数 2.0～3.0，进汞饱和度一般大于 90%，中值压力 1.5～10.0MPa，排驱压力 0.1～0.7MPa。受孔隙结构的影响，这类岩心的渗透率大于等于 $5.11\times10^{-3}\mu m^2$，岩心孔隙度一般大于 12%，束缚水饱和度小于 30%。

Ⅱ类：以中粒砂岩为主的岩心，其孔隙类型主要为残余粒间孔和粒间溶孔，孔隙喉道主要为片状喉道，中值半径 0.1～0.3μm，喉道分选系数 2.0～2.5，进汞饱和度 75%～90%，中值压力 1.5～20.0MPa，排驱压力 0.4～1.5MPa。这类岩心的渗透率一般为 0.5～$5.11\times10^{-3}\mu m^2$，孔隙度为 9%～12%，束缚水饱和度为 30%～45%。

Ⅲ类：以细—中粒砂岩为主的岩心，其孔隙类型主要为粒内溶孔和粒间溶孔，孔隙喉道以弯片状为主，中值半径 0.015～0.1μm，喉道分选系数 1.0～2.5，进汞饱和度 50%～75%，中值压力 3.0～30.0MPa，排驱压力 0.4～3.2MPa。这类岩心的渗透率为 0.1～$0.5\times10^{-3}\mu m^2$，孔隙度为 5%～10%，束缚水饱和度一般为 45%～50%。

Ⅳ类：以细—微粒砂岩为主的岩心，孔隙类型主要为粒内溶孔、杂基孔和微孔隙，孔隙喉道为管束状喉道，中值半径小于 0.015μm，喉道分选系数 0.5～2.0，进汞饱和度一般小于 50%，中值压力 4.0～50.0MPa，排驱压力 0.5～3.7MPa。这类岩心的渗透率小于 $0.1\times10^{-3}\mu m^2$，岩心孔隙度一般小于 5%，束缚水饱和度一般为 50%～60%。

5.3.3　单相气、单相水和气水两相渗流界定图版

根据不同渗透率岩心的气水相对渗透率曲线特征，以含水饱和度为指标，相对渗透率曲线中两相共渗区为依据，建立了不同渗透率岩心渗流界定图版，如图 5-18 所示。

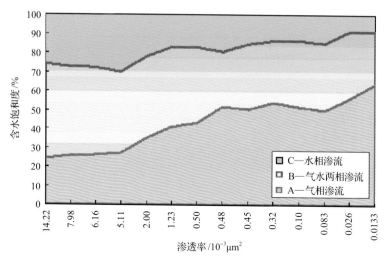

图 5-18   不同渗透率岩心渗流界定图版

分析图 5-18 可以得出，在岩心渗透率大于等于 $5.11 \times 10^{-3} \mu m^2$ 条件下，含水饱和度小于 30%时为单相气流，含水饱和度为 30%～70%时为气水两相渗流，含水饱和度大于70%时为单相水流；在岩心渗透率为 $0.5 \times 10^{-3} \sim 5.11 \times 10^{-3} \mu m^2$ 条件下，含水饱和度小于40%时为单相气流，含水饱和度为 40%～80%时为气水两相渗流，含水饱和度大于 80%时为单相水流；在岩心渗透率 $0.1 \times 10^{-3} \sim 0.5 \times 10^{-3} \mu m^2$ 条件下，含水饱和度小于 50%时为单相气流，含水饱和度为 50%～80%时为气水两相渗流，含水饱和度大于 80%时为单相水流；在岩心渗透率小于 $0.1 \times 10^{-3} \mu m^2$ 条件下，含水饱和度小于 60%时为单相气流，含水饱和度为 60%～85%时为气水两相渗流，含水饱和度大于 85%时为单相水流。

5.4   气相渗流影响因素

根据实验测试结果，砂岩储层气相渗流能力主要受基质渗透率(K_m)、含水饱和度(S_w)及气驱压力(P)等因素影响。

5.4.1   基质渗透率的影响

在含水饱和度和气驱压力一定的条件下，研究了基质渗透率与气流量的关系(图 5-19)。渗透率对气流量的影响十分明显，在 S_w=0%，P=0.3MPa 的条件下，气流量与岩石渗透率呈线性关系；在 S_w=20%，P=0.3MPa 的条件下，渗透率小于等于 $0.061 \times 10^{-3} \mu m^2$ 的储层气流量下降明显；在 S_w=50%，P=0.3MPa 的条件下，渗透率小于等于 $0.345 \times 10^{-3} \mu m^2$ 的储层气流量为零，难以有效供气。

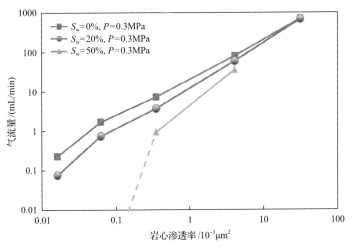

图 5-19　岩心渗透率对气流量的影响

5.4.2　含水饱和度的影响

在气驱压力一定的条件下，研究了含水饱和度对不同渗透率岩心气相渗流的影响，如图 5-20 所示。含水饱和度对气相渗流能力影响十分明显，尤其是对致密岩心，含水饱和度的增加会导致气流量大幅度下降，如渗透率为 $0.016 \times 10^{-3} \mu m^2$ 和 $0.061 \times 10^{-3} \mu m^2$ 的岩心，当含水饱和度分别达到24.3%和41.8%时，气驱压力为 0.3MPa 条件下气相无法产生有效流动；对于渗透率较高的岩心，含水饱和度对气相渗流能力影响较小，如渗透率为 $4.03 \times 10^{-3} \mu m^2$ 的岩心，即使含水饱和度达到49.5%，其气相渗流能力仍在初始渗流能力的60%以上。

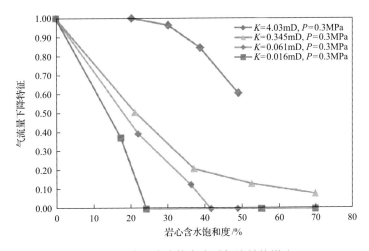

图 5-20　岩心含水饱和度对气流量的影响

束缚水条件下的气相相对渗透率与渗透率关系如图 5-21 所示。由图 5-21 可见，束缚水饱和度对不同渗透率砂岩气相相对渗透率影响存在较大差异。当岩心渗透率为 14.22×

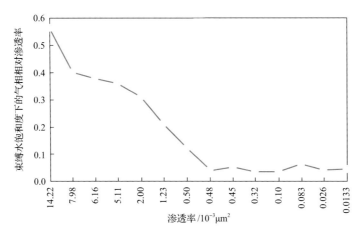

图 5-21 束缚水条件下的气相相对渗透率与渗透率关系

$10^{-3}\mu m^2$ 时，束缚水饱和度条件下气相相对渗透率为 0.56；当岩心渗透率为 $5.11\times10^{-3}\sim$ $7.98\times10^{-3}\mu m^2$ 时，束缚水饱和度条件下气相相对渗透率为 $0.36\sim0.40$；当岩心渗透率为 $0.50\times10^{-3}\sim2.0\times10^{-3}\mu m^2$ 时，束缚水饱和度条件下气相相对渗透率为 $0.12\sim0.31$；当岩心渗透率为 $0.0133\times10^{-3}\sim0.48\times10^{-3}\mu m^2$ 时,束缚水饱和度条件下气相相对渗透率小于 0.1。

总体上看，储层渗透率越低，则束缚水条件下气相相对渗透率越低，表明水对致密砂岩气藏产能存在十分明显的影响。

5.4.3 气驱压力的影响

在含水饱和度一定的条件下，研究了气驱压力对不同渗透率岩心气相渗流的影响，如图 5-22 所示。在含水饱和度为 50% 左右时，不同渗透率岩心的气相流动所需的初始驱动压力各不相同，渗透率越低则初始驱动压力越高。例如，渗透率为 $30.5\times10^{-3}\mu m^2$ 的岩

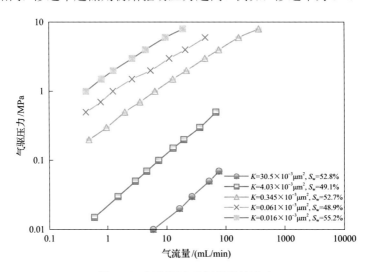

图 5-22 气驱压力对气流量的影响

心在驱动压力为 0.01MPa 时即有气流量，而渗透率为 0.016×10^{-3}μm^2 的岩心则需驱动压力达到 1.0MPa 时才能有气流量，产生有效流动的初始驱动压力条件差异十分显著。

5.5　供气能力评价模型

本节通过运动方程和状态方程建立了实验与气井相似性分析及计算方法，即在相同状态下，岩心流速与气井流速相等，将岩心参数和气井参数确定后即可通过理论方程进行换算[64]。举例说明实验室在气藏配产相似方面通常的具体做法，如实验配产和气井产量之间的折算。

岩心端面气体渗流速度为

$$v_{core} = \frac{4Q_{core}}{\pi d_{core}^2} \tag{5-9}$$

式中，v_{core} 为岩心端面气体渗流速度，cm/min；Q_{core} 为岩心端面气体体积流量，mL/min；d_{core} 为岩心端面直径，cm；井底气层供气速度为

$$v_{well} = \frac{Q_{well}}{2\pi r h} \tag{5-10}$$

式中，v_{well} 为井底气层供气速度，m/d；Q_{well} 为气井配产，m^3/d；r 为供气半径，m；h 为储层厚度，m。同时应考虑实验室和井底气体状态差异：

$$\frac{P_1 V_1}{T_1} = \frac{P_2 V_2}{T_2} \tag{5-11}$$

式中，下角 1 和 2 分别为实验室和井底两种不同条件；P 为压力，MPa；V 为体积，m^3；T 为温度，K。

按照以上原则，根据实验用岩心尺寸和气井配产折算出不同实验条件下的实验室配产。

假设换算气井参数：$r=0.1$m，层厚 $h=1$m，$P_e=30$MPa，$P_a=0.102$MPa，$T=346.15$K。

依据上述相似原理，将岩心实验结果(30.5×10^{-3}μm^2、4.03×10^{-3}μm^2、0.345×10^{-3}μm^2、0.061×10^{-3}μm^2、0.016×10^{-3}μm^2 共 5 组岩心)转换到储层供气能力(即单位厚度产气量 Q_g，10^{4}m^3/d)。

由于实验气驱压力相对较小，难以反映出气井在实际生产压差下的产能特征，因此需要对实验曲线进行非线性拟合，拟合公式见式(5-12)：

$$P = A Q_g{}^a \exp(E/Q_g) \tag{5-12}$$

式中，P 为气驱压力，MPa；Q_g 为单位厚度产气量，10^{4}m^3/d；A、a、E 均为常数，其中 A 与岩心含水饱和度关系密切，a 和 E 与岩心渗透率关系密切，通过实验测试结果进行数学拟合可以确定其值，如表 5-9 所示。

　　根据数学拟合计算结果，以单位厚度产气量与气驱压力为关键指标，建立不同渗透率储层在含水饱和度 50%时的供气能力图版(图 5-23)。在基质渗透率与含水饱和度一定的条件下，当单位厚度产气量达到一定程度时，与气驱压力的关系会出现拐点，偏离线性关系，进一步放大产气量会导致压差的大幅增加，因此，对于致密砂岩气藏开发，不宜过度放产。

表 5-9　不同渗透率储层在不同含气饱和度下的 *A*、*a*、*E* 取值

渗透率/$10^{-3}\mu m^2$	S_w/%	A	a	E
	52.9	0.20	1.40	−0.5
30.5	43.4	0.14	1.30	−1.2
	24.6	0.13	1.20	−1.2
	60.1	10.00	1.35	−0.011
	49.5	5.80	1.35	−0.06
4.03	39.8	5.40	1.32	−0.23
	31.3	5.40	1.30	−0.4
	21.5	5.30	1.30	−0.4
	52.7	190.00	1.10	−0.00009
0.345	37.2	155.0	1.21	−0.00008
	21.3	120.0	1.20	−0.00008
	48.9	230	0.85	−0.00006
0.061	36.4	210	0.94	−0.00050
	22.2	200	0.98	−0.00040
	69.9	395	0.60	−0.00002
0.016	55.2	320	0.66	−0.00020
	24.3	310	0.76	−0.00010

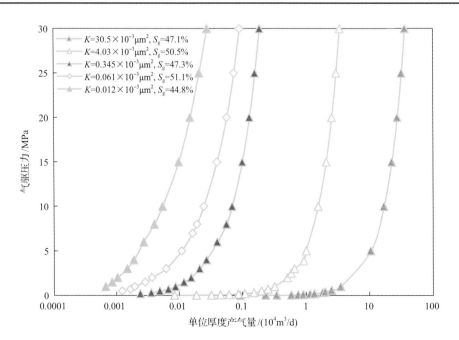

图 5-23　不同渗透率储层在含水饱和度 50%时的供气能力图版

5.6　天然气开发理论构架

通过对我国鄂尔多斯、塔里木、柴达木、松辽、吐哈等盆地主要气藏开展系统实验测试分析和生产动态跟踪研究表明：储层基质低渗致密、高含水饱和度及强非均质性是影响我国气藏开发的三大主要因素。因此，我国天然气开发理论应着重围绕提高致密基质储层动用、有水气藏控水及强非均质储层均衡动用三个方面发展。

1. 低渗致密

通过对我国陆上 23 个大气田储层物性统计分析，70% 以上的储层渗透率小于等于 $1.0 \times 10^{-3} \mu m^2$，控制的探明储量超 3 万亿 m^3，是我国天然气增储上产的重要领域。但这类气藏储层岩石渗流通道以微纳米孔喉为主，天然气渗流往往出现非达西现象，亟需加强相关理论攻关，推动气藏开发理论发展，为提高低渗致密储层储量动用奠定理论依据。

2. 高含水饱和度或边底水

据统计，目前我国已开发常规气田中已出水气田的天然气地质储量占比达 56%，其产量贡献占比达 61%。气田开发实践表明：无论是碎屑岩气藏，还是碳酸盐岩气藏；无论是层状边水气藏，还是块状底水气藏；无论是孔隙型气藏，还是裂缝性气藏，在开发过程中都或多或少受储层岩石孔隙水和边底水水侵影响。其主要表现在两个方面：一是由于开发过程中孔隙可动水运移再分布和边底水侵入储层，导致天然气渗流阻力增加，气藏产能和稳产能力下降，多数见水气井产能下降高达 60%～80%，部分气井甚至水淹停产；二是由于地层中气水两相渗流会引起气相渗流压差增大，井筒中气水两相同产会引起管损严重，从而导致气藏废弃压力增加，气藏采收率下降。常规气驱气藏采收率一般高达 80%～90%，但很多已开发有水气藏采收率低于 50%，如威远震旦系灯影组气藏采收率仅为 37%，加拿大海狸河气田采收率只有 11%。由此可见，发展有水气藏控水开发理论，为类似气藏制订科学开发技术政策、提高气藏采收率等提供依据具有重要意义。

3. 强非均质性

强非均质性是气藏开发面临的普遍问题，无论是纵向上还是平面上均普遍存在。因此，推动强非均质气藏开发理论发展，为改善气藏储层非均质性，提高气藏整体均衡动用奠定理论依据，对于提高气藏开发效果意义深远。

基于以上分析，我国天然气开发理论发展应着重从提高低渗致密储层储量动用、有水气藏控水开发和改善储层非均质实现均衡开采三个方面入手，气藏开发理论发展基本构架如下(图 5-24)。

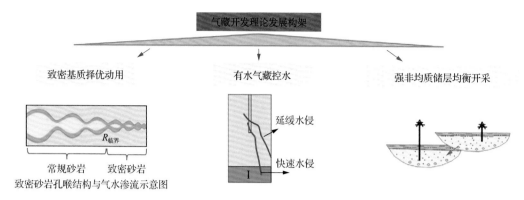

图 5-24 气藏开发理论发展基本构架图
$R_{临界}$为常规砂岩与致密砂岩分界的临界喉道半径

第 6 章 可动水评价及产水规律预测

本章采用气水相对渗透率实验、核磁共振、逐级增压气驱水、气藏衰竭开采物理模拟等多种实验技术结合[80-82]，构建了微观孔喉中气水赋存模式，研究了气藏开发过程中储层含水饱和度变化特征，建立产水规律预测模型，为认识气田产水特征、优化气井射孔等提供依据。

6.1 砂岩微观孔喉气水赋存特征

6.1.1 岩石微观孔喉结构模型

本小节根据第 2 章分析的砂岩微观孔喉结构特征，结合铸体薄片实验结果，以孔喉中值半径为基准，构建岩石微观孔喉结构模型(图 6-1)。该模型孔喉结构主要由不同尺寸裂缝、孔隙、喉道和盲端组成，渗流通道主要以这些连通孔喉为基础。

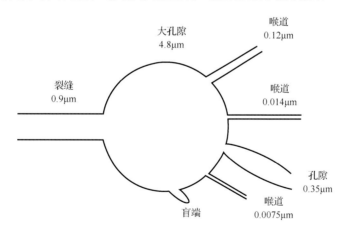

图 6-1 岩石微观孔喉结构模型

6.1.2 岩石微观孔喉结构中气水赋存状态

采用核磁共振实验对不同渗透率岩心中水的赋存状态进行了测试,结果如图 6-2 所示。分析可以看出,可动水、残余水是与储层物性、气驱压差直接相关的参数,对于完全饱和水的岩心,基质物性越差、气驱压差越小则储层孔隙中残余水越多,反之则可动水越多。

根据图 6-1 孔喉结构模型,模拟研究饱和过程中水在孔隙中分布形态及气驱水后残余水在不同类型孔隙中的赋存模式，结果表明，在饱和水过程中，水可以完全充满裂缝、大孔隙、小孔隙和喉道，但盲端处只能部分饱和；在气驱水过程中，裂缝和孔隙中残余水的赋存形式如表 6-1 所示。

表 6-1　水在储层孔隙中赋存模式及对气相渗流的影响

饱和水前孔隙结构	模式图 图 6-1	孔隙结构类型				
		裂缝	大孔隙	微孔隙	喉道	盲端
完全饱和时水在孔隙中的分布形态	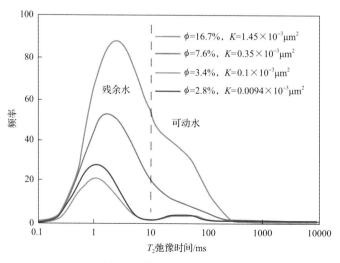	完全饱和水				部分饱和水
	模式图	孔隙结构类型				
气驱水后孔隙中残余水赋存模式		表面张力作用下，残余水主要以"薄水膜"模式赋存在孔、缝表面。残余水饱和度较小	强表面张力和高毛细管压力共同作用下以"厚水膜"模式赋存于微孔中。残余水饱和度较高	高毛细管压力作用下"卡断"，残余水以"水柱"模式赋存于整个喉道。残余水饱和度极高	无法形成渗流通道，残余水以"水珠"模式封闭于盲端中	
残余水影响气相渗流机理		对气相渗流影响较小	减小渗流通道，增加气相流动阻力	堵塞渗流通道	水封闭盲端形成残余气，地层压力下降后，通过膨胀能参与流动	

图 6-2　核磁共振实验结果

6.2 气藏储层可动水饱和度测试

受润湿性和毛细管压力作用影响，水相在多孔岩石中渗流时所受阻力要远远大于气相渗流，不同渗透率砂岩其渗流特征也存在较大差异。当驱替压力大于渗流阻力时，表现出可动水形式。当驱替压力小于渗流阻力时，表现出束缚水形式。因此，对于气藏开发来讲，气藏储层孔隙中可动水、束缚水是一组相对的概念。

6.2.1 多孔介质孔喉对水相的作用机理

采用气藏衰竭开采物理模拟实验，研究了气藏压力从 20MPa 衰竭至开发末期过程中储层含水饱和度变化规律，结果如图 6-3 所示。

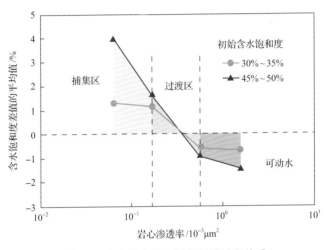

图 6-3 含水饱和度与储集层渗透率关系

从图 6-3 可以看出，储层含水饱和度变化规律与渗透率关系密切，其关系可分为三种类型：①渗透率大于 $0.580\times10^{-3}\mu m^2$ 的储集层，平均值为负，表明孔隙内部分水在气相驱替作用下可以被驱替成可动水；②渗透率为 $0.175\times10^{-3}\sim0.580\times10^{-3}\mu m^2$ 的储集层，平均值介于负、正值之间，为一种过渡区；③渗透率小于 $0.175\times10^{-3}\mu m^2$ 的致密储集层，平均值为正，表明岩石孔喉对水相产生捕集作用，在岩心饱和湿气过程中，湿气中部分水会被捕集，即便在气相驱替作用下，水相难以被驱替出来而滞留在岩石孔喉内，造成含水饱和度不降反升。

岩石孔喉对水相产生的作用力主要是毛细管压力，在该力作用下，水相以不同状态赋存于不同岩石孔喉中[66-70]。毛细管压力与孔喉半径成反比，孔喉越细小，则毛细管压力越大。

对于渗透率为 $1.630\times10^{-3}\mu m^2$ 和 $0.580\times10^{-3}\mu m^2$ 的岩心，岩石孔隙以残余粒间孔、粒间溶孔为主，岩石平均孔喉半径大于等于 1.50μm，平均中值孔喉半径大于等于 0.170μm，测试排驱压力一般小于等于 0.98 MPa，这类岩石孔喉较大，毛细管压力较小，对水相捕集作用小，气水在该类岩石中具有较好渗流能力。

对于渗透率为 $0.175 \times 10^{-3} \mu m^2$ 和 $0.063 \times 10^{-3} \mu m^2$ 的岩心，岩石孔隙以粒间溶孔+粒内溶孔，粒内溶孔、杂基孔为主，岩石平均孔喉半径小于等于 $0.55 \mu m$，平均中值孔喉半径小于等于 $0.067 \mu m$，测试排驱压力一般大于等于 1.85MPa，这类岩石孔喉细小，毛细管压力大，对水相捕集作用强，水相在这类岩石中渗流能力差[70-73]。

6.2.2　储层含水饱和度确定与建立

1. 储层原始含水饱和度确定

储层孔隙含水饱和度是可动水的基础条件，因此气藏储层可动水研究工作首先要清楚地层条件下储层原始含水饱和度大小。目前，含水饱和度测试主要采取两种方法，第一种方法是测井解释，第二种方法是通过钻井取无钻井液污染新鲜岩样进行测试。

2. 储层岩石含水饱和度建立

储层岩石含水饱和度建立一般采用两种方法，一种是自吸水后进行气驱水实验，另一种是抽真空饱和水后进行气驱水实验。

1）自吸水实验

自吸水实验装置如图 6-4 所示，将岩心一端浸入敞口容器的模拟水中 0.1～0.2cm，由岩心自吸水，定期记录岩心重量，计算岩心自吸水饱和度。

实验用岩心物性参数：Ⅰ类岩心，渗透率为 $1.39 \times 10^{-3} \mu m^2$，孔隙度为 11.74%，长度为 8.039cm，直径为 3.795cm；Ⅱ类岩心，渗透率为 $0.574 \times 10^{-3} \mu m^2$，孔隙度为 9.0%，长度为 8.017cm，直径为 3.797cm；Ⅲ类岩心，渗透率为 $0.168 \times 10^{-3} \mu m^2$，孔隙度为 6.9%，长度为 4.892cm，直径为 3.795cm。将这些岩心烘干，然后将岩心一端浸泡在装有水的托盘中，定期称量岩心重量，计算渗吸水量和吸水 PV 数（孔隙体积的倍数）。实验结果如表 6-2 所示，相关曲线如图 6-5 所示。

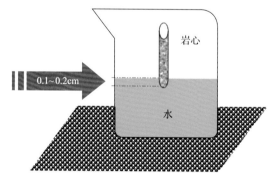

图 6-4　自吸水实验装置

表 6-2　自吸水实验结果

Ⅰ 类岩心		Ⅱ 类岩心		Ⅲ 类岩心	
渗吸时间/min	PV 数	渗吸时间/min	PV 数	渗吸时间/min	PV 数
22	0.14	20	0.17	18	0.15
50	0.20	55	0.25	40	0.20
110	0.27	100	0.32	68	0.26
185	0.34	160	0.36	134	0.34
315	0.43	345	0.48	293	0.45
490	0.54	500	0.55	430	0.54
710	0.64	630	0.60		
1360	0.74	1380	0.76	1610	0.81
3010	0.75	3270	0.81	3050	0.86

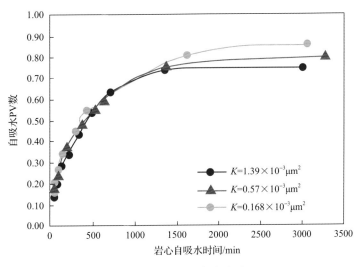

图 6-5　自吸水实验结果

从表 6-2 和图 6-5 可以看出，三种物性级别砂岩基质岩心在实验过程中均发生了渗吸水现象，且渗透率越低、孔隙度越小，渗吸水速度越快，最终渗吸水 PV 数越大。在三种物性级别砂岩基质岩心中，Ⅰ 类岩心渗吸 3010min 时渗吸水 PV 数为 0.75，Ⅱ 类岩心渗吸 3270min 时为 0.81；Ⅲ 类岩心渗吸 3050min 时为 0.86。

2) 逐级增压气驱水实验

逐级增压气驱水是指将完全饱和水的岩心装入岩心夹持器后，一端接气源，一端处于开放状态。逐级增压气驱是指气驱压力由低压开始，依次提高压力，实验过程中气驱压力一般从 0.01MPa 开始，逐级提升至 0.05MPa，0.1MPa，0.2MPa，0.3MPa，0.4MPa，0.5MPa，…，1.5MPa，直至气流量稳定且岩心不再出水后，实验结束。每个压力气驱实验结束后对岩心进行核磁共振 T_2 谱测试。

实验开展了 20 块不同渗透率储层岩心气驱水实验，实验结果如图 6-6 所示。高渗透率储层在较低的驱替压力条件下即可把孔隙水驱动，在产水初期含水饱和度下降幅度较大(40%~50%)，1.5MPa 驱替结束后的束缚水饱和度为 20%~40%；致密储层需要在较大的驱替压力条件下才能把孔隙水驱动，且初期下降幅度小，一般在 30%以内，1.5MPa 驱替结束后的束缚水饱和度为 50%~90%。

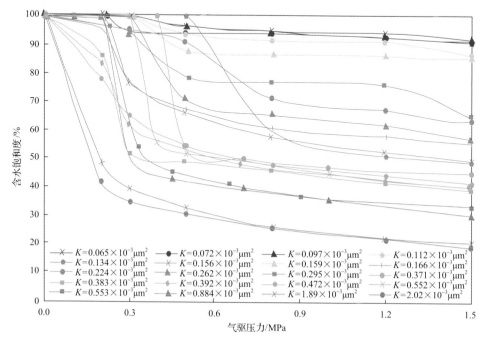

图 6-6　逐级增压气驱过程不同渗透率岩心含水饱和度变化规律

统计了气驱压力 1.5MPa 驱替结束后的岩心束缚水饱和度与渗透率的关系，如图 6-7 和表 6-3 所示。

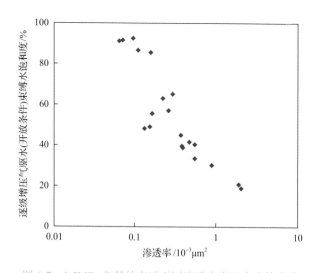

图 6-7　1.5MPa 驱替结束后不同渗透率岩心含水饱和度

表 6-3　1.5MPa 驱替结束后不同渗透率岩心含水饱和度

序号	渗透率/$10^{-3}\,\mu m^2$	开放条件逐级增压气驱水 含水饱和度/%(最大压力 1.5MPa)
1	2.02	18.7
2	1.89	20.6
3	0.884	30.2
4	0.553	33.4
5	0.552	40.2
6	0.472	41.5
7	0.392	38.7
8	0.383	39.5
9	0.371	44.8
10	0.295	65.0
11	0.262	56.9
12	0.224	62.9
13	0.166	55.4
14	0.159	85.3
15	0.156	48.9
16	0.134	48.0
17	0.112	86.5
18	0.097	92.3
19	0.072	91.5
20	0.065	91.0

6.2.3　可动水层判识图版

1. 孔隙水赋存状态

采用逐级增压气驱水实验和核磁共振实验相结合的方法，对完全饱和水砂岩岩心开展系统测试实验，气驱压力从 0.3MPa 逐级增压至 2.0MPa，测试每次增压气驱后岩心的核磁共振 T_2 谱曲线，根据 T_2 谱曲线形态特征，识别并划分了砂岩储层孔隙中水的赋存状态，主要包括自由水、滞留水、束缚水三种类型(图 6-8)。

自由水：主要赋存于大孔隙、裂缝等空间中，极易产生流动，是可动水的重要组成部分。

滞留水：受毛细管力作用，滞留于小孔隙、微裂缝或喉道等空间中，需要在一定驱动压力作用下才可以产生流动，也是可动水的组成部分。

束缚水：受毛细管力、界面张力等作用，以水膜形式赋存于岩石表面或细微喉道形成"卡断"及盲端内封存等形式存在，这部分水难以流动，但会占据部分气相渗流通道，降低气相渗流能力，开发中应予以重视。

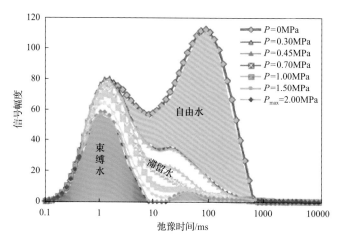

图 6-8　孔隙水赋存空间类型

2. 可动水、束缚水层判识图版

通过系统开展不同渗透率岩心气驱水和核磁共振实验测试，以渗透率、自由水、滞留水及束缚水占比为关键指标，建立可动水层判识图版(图 6-9)，判识如下。

可动水层：当储层渗透率和初始含水饱和度交会点大于界限 1 时为可动水层；当交会点大于界限 1 但不大于界限 2 时，开发过程中当地层压力下降到一定程度后产水；当交会点大于界限 2 时，开发过程中极易产水。可动水包括自由水和滞留水两部分。

束缚水层：当储层渗透率和初始含水饱和度交会点小于等于界限 1 时为束缚水层，开发过程中不产水。

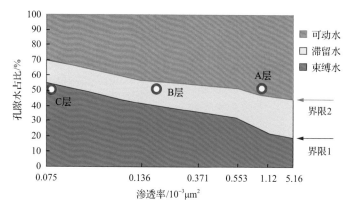

图 6-9　可动水、束缚水层判识图版

在气藏开发初期，通过测试获得气井储层物性和含水饱和度参数时(表 6-4)，可以实现可动水层早期判识，即 A 层、B 层为可动水层，C 层为束缚水层(图 6-9)。

表 6-4　储层物性参数及可动水层判识

储层	渗透率/$10^{-3}\mu m^2$	初始含水饱和度/%	判识结果
A 层	1.12	50.0	可动水层
B 层	0.216	50.0	可动水层
C 层	0.075	50.0	束缚水层

6.3　致密砂岩储层产水规律预测

6.3.1　产水规律预测数学模型

本节结合实际气井地质参数和开采特征，以径向流模型(图 6-10)为基础，建立产水规律预测数学模型，对不同类型气井产水规律和最终产水量进行了预测。产水规律预测数学模型如下。

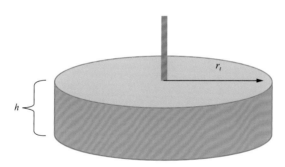

图 6-10　可动水预测径向流模型

r_t 为 t 时刻的动用半径，m；h 为有效厚度，m

产水量：

$$W = 2\pi h\phi \int_{r_{\mathrm{w}}}^{r_t} rs_{\mathrm{w}}\mathrm{d}r \tag{6-1}$$

生产时间：

$$t = \frac{P - P_t}{\Delta P'} \tag{6-2}$$

日产水：

$$q_{\mathrm{w}} = \frac{W}{t} \tag{6-3}$$

式(6-1)~式(6-3)中，W 为累计产水量，m^3；r_{w} 为井眼半径，m；S_{w} 为可动水饱和度，%；ϕ 为孔隙度，%；P 为原始地层压力，MPa；P_t 为生产 t 时刻的平均地层压力，MPa；

$\Delta P'$ 为压降速率，MPa/d；t 为生产时间，d；q_w 为日产水，m³。

6.3.2 可动水饱和度实验测试

笔者团队采用气藏衰竭开采物理模拟实验方法，测试储层渗透率不同且初始含水饱和度为 50%，地层压力为 30MPa 衰竭开采过程中岩心可动水饱和度大小(图 6-11)。

$K=1.12\times10^{-3}\mu m^2$ 的储层：地层压力从 30MPa 下降到 27MPa 时孔隙水可动，最终累积可动水饱和度为 17.8%。

$K=0.216\times10^{-3}\mu m^2$ 的储层：地层压力从 30MPa 下降到 20MPa 时孔隙水可动，最终累积可动水饱和度为 6.2%。

$K=0.075\times10^{-3}\mu m^2$ 的储层：地层压力从 30MPa 下降到 10MPa 时孔隙水可动，最终累积可动水饱和度为 1.1%。

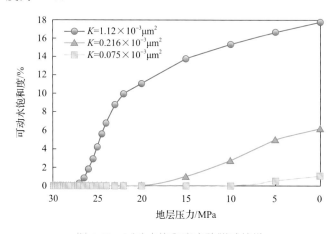

图 6-11 可动水饱和度实验测试结果

6.3.3 产水规律预测

根据图 6-11 中孔隙水可动性变化规律，结合实际气井储层地质参数，以图 6-10 中建立的径向流模型为基础，对不同类型储层气井产水规律和最终产水量进行预测。

径向流模型泄流半径为 200m，厚度为 5m，气井储层地质参数及预测结果如表 6-5、图 6-12 和图 6-13 所示。

$K=1.12\times10^{-3}\mu m^2$ 的储层：生产 263 天后见水，最高日产水量 9.3m³，平均日产水量 4.6m³，最终累积产水量 5365.6m³。

$K=0.216\times10^{-3}\mu m^2$ 的储层：生产 1146 天后见水，最高日产水量 1.3m³，平均日产水量 0.91m³，最终累积产水量 1406.5m³。

$K=0.075\times10^{-3}\mu m^2$ 的储层：生产 1556 天后见水，最高日产水量 0.3m³，平均日产水量 0.27m³，最终累积产水量 165.8m³。

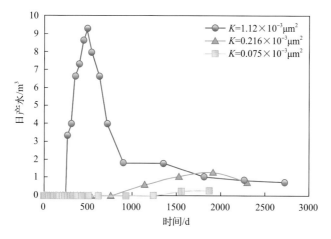

图 6-12　日产水预测结果

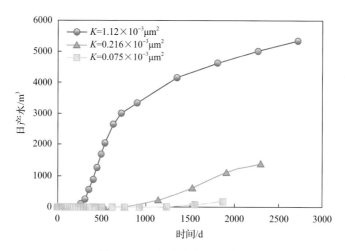

图 6-13　累计产水量预测结果

表 6-5　气井地质参数

层号	孔隙度/%	渗透率/$10^{-3}\mu m^2$	含水饱和度/%	目前地层压力/MPa	压降速率/(MPa/d)	见水地层压力/MPa	见水时间/d	日产水量/m^3	累计产水量/m^3
A 层	12	1.12	50	30	0.011	27	263	4.6	5365.6
B 层	9	0.216	50	30	0.013	15	1146	0.91	1406.5
C 层	7	0.075	50	30	0.016	5	1556	0.27	165.8

第7章　致密砂岩气储量动用规律

落实可动用储量是气藏开发评价的核心工作，也是开发方案科学编制的重要基础。致密砂岩气藏储层基质致密，储量动用缓慢，采用动态资料预测的可动用储量规模往往随生产进行而不断发生变化，准确评价面临巨大挑战。本章根据气藏衰竭开采过程中压降漏斗特征，采用物理模拟实验与数值模拟相结合[83-87]，基于物质平衡原理，建立了一套致密砂岩气藏可动用储量评价新方法，揭示了致密砂岩气藏储量动用规律，量化评价致密砂岩储层不同含水饱和度条件下的动用范围，为致密砂岩气藏开发井网部署、加密调整等提供重要参考依据。

7.1　储量动用规律实验与分析

现有储量动用规律研究方法主要通过气藏地质精细描述、生产动态分析和常规实验机理研究为主，这些方法对常规气藏储量动用规律研究发挥了重要作用。但是对致密砂岩气藏，由于孔喉结构更复杂、基质更致密、含水饱和度更高等特征，造成气藏基质动用慢、低产周期长、地层压力分布差异大，储量动用规律认识程度往往随生产进行而不断发生变化，采用常规方法难以在气藏开发早、中期开展准确评价。因此，亟须加强评价方法创新，解决瓶颈技术难题，在气藏开发早期认识储量动用规律，为气藏科学开发奠定基础。

本节从气藏衰竭开采过程中气井压降漏斗形态特征得到启发，建立一套长岩心多点测压物理模拟实验新方法和装置，通过在岩心夹持器胶皮套上布置测压孔，可以在线实时动态监测岩心内部不同位置孔隙压力变化特征。该方法突破常规实验只能测得端点压力而不能测得岩石内部孔隙压力的技术瓶颈，从而解决了致密砂岩气藏储量动用规律研究难题，具有重要研究价值和科学意义。

7.1.1　物理模拟实验方法

1. 实验方法及流程

长岩心多点测压物理模拟实验流程如图 7-1 所示，通过在岩心夹持器及胶皮套上布置测压孔(图 7-2),可以在线实时动态监测气藏衰竭开采过程中岩心内部不同位置孔隙压力变化特征。

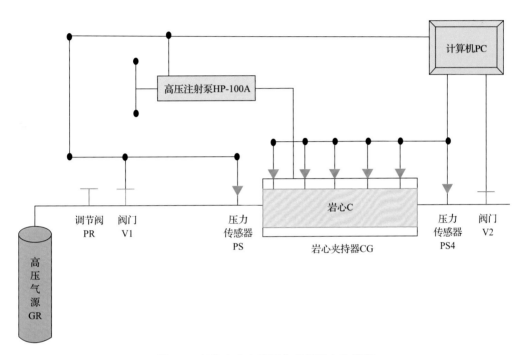

图 7-1　长岩心多点测压物理模拟实验流程

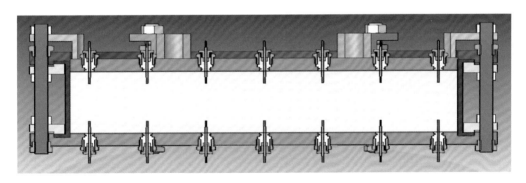

图 7-2　多点测压岩心夹持器示意图

2. 实验条件

本实验选用鄂尔多斯盆地苏里格气田天然岩心,其常规空气渗透率分别为 $0.58 \times 10^{-3} \mu m^2$、$0.175 \times 10^{-3} \mu m^2$、$0.063 \times 10^{-3} \mu m^2$,储层原始含水饱和度介于 30%~70%,原始地层压力为 20MPa,初期配产气 50mL/min。

3. 实验步骤

(1)选择实验用岩心并建立初始含水饱和度。

(2)将饱和水的岩心装入岩心夹持器并加围压至设定压力值。

(3)通过高压气源对岩心孔隙饱和气至设计地层压力。

(4)饱和气完毕后关闭气源,确保实验岩心处于独立压力系统。

(5)从岩心夹持器一端以一定速度释放孔隙压力(模拟气藏定产量衰竭开采)。

(6)实时记录实验过程中开采时间、各测点压力、瞬时产气量、瞬时产水量、累计产气量、累计产水量等参数。

(7)实验结束条件为检测不到气流量或各测点压力保持基本不变。

7.1.2 储量动用规律分析

对常规空气渗透率为 $0.58 \times 10^{-3} \mu m^2$、$0.063 \times 10^{-3} \mu m^2$ 的储层,在含水饱和度为 30% 条件下,绘制开采时间分别为 10min、30min、90min、180min 时的压力剖面(图 7-3),结果表明在气藏衰竭开采过程中,这两类储层孔隙压力变化特征差异显著:①对于常规空气渗透率为 $0.58 \times 10^{-3} \mu m^2$ 的储层,动用范围扩展速度较快,在开采 10min 时就波及砂体边界,主要受砂体边界控制,且动用范围内地层压力分布较为平缓;②对于常规空气渗透率为 $0.063 \times 10^{-3} \mu m^2$ 的储层,动用范围由近井向外围扩展缓慢,在开采 30min 时仍未波及砂体边界,且动用范围内地层压力分布呈现凹深漏斗形态。因此,储量动用除了受砂体边界控制,还会受到动用范围影响。

根据图 7-3 中地层压力与动用距离关系,可建立致密砂岩气藏储量动用模式(图 7-4),认识到致密砂岩气藏储量动用规律与常规气藏存在显著差异:①时间上动用速度缓慢,需要漫长的周期才能波及砂体边界;②空间上动用范围有限,尤其对高含水饱和度致密砂岩气层,动用边界往往小于砂体边界;③动用范围内地层压力分布呈现凹深漏斗形态,可为动用范围及压力分布特征评价提供指导。

7.2 储量动用评价方法及原理

7.2.1 基本原理

在测得或计算动用范围和压降剖面时,建立面积占比方法实现对储量动用进行评价,即动用范围与地层压力包络面积和初始井控范围与原始地层压力包络面积之比(图 7-5)。

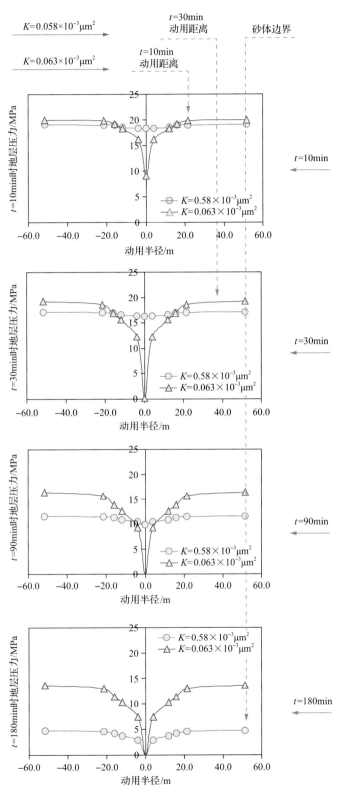

图 7-3　不同渗透率砂岩压降漏斗特征

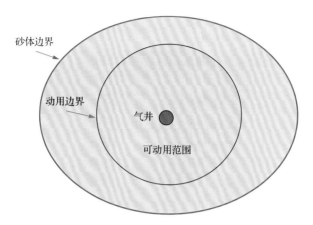

图 7-4 致密砂岩气藏储量动用模式

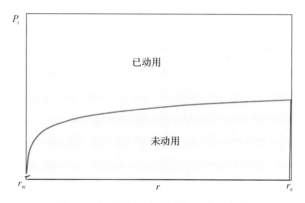

图 7-5 气藏储量动用评价方法示意图

r_e 为井控半径，m；r_w 为井筒半径，m；P_i 为原始地层压力，MPa；r 为动用范围内的任意位置，m

7.2.2 评价模型

依据图 7-5，致密砂岩气藏储量动用程度评价数学模型表示如下

$$E_R = \frac{G_R}{G} \times 100\% \tag{7-1}$$

$$E_R = 1 - \frac{\int_{r_w}^{r_t} (ar^b)\mathrm{d}r}{P_e r_e} \times 100\% \tag{7-2}$$

式中，E_R 为气藏动用程度，%；G_R 为累计采出天然气量，$10^8 \mathrm{m}^3$；G 为井控可采储量，$10^8 \mathrm{m}^3$；r_t 为 t 时刻动用半径，m；P 为 t 时刻动用范围内某一位置的储层压力，MPa；a、b 均为根据实验数据进行函数关系拟合后获得的经验取值，与储层基质渗透率大小、含水饱和度高低相关。

7.3 动用范围及压力分布特征

7.3.1 评价方法

根据物理模拟实验测试的地层压力与动用距离之间关系，建立函数拟合方程，结合实际气藏储层渗透率、含水饱和度及原始地层压力等特征参数，实现动用范围量化评价。典型拟合方程为幂函数形式：

$$P = ar_t^b \tag{7-3}$$

式中，r_t 为 t 时刻对应动用距离，m；a、b 为储层渗透率和含水饱和度相关的系数。

物理模拟实验方案及实验用岩心参数如表 7-1 所示。

表 7-1 实验参数设计表

实验序号	类别	平均孔隙度/%	平均渗透率/$10^{-3}\mu m^2$	平均 S_w/%	实验配产/(mL/min)
1				69.9	500
2	I 类	12.75	1.630	40.1	500
3				30.3	500
4				71.0	50
5	II 类	10.59	0.580	56.6	50
6				46.3	50
7				32.1	50
8				70.0	50
9				65.1	50
10	III 类	7.97	0.175	61.0	50
11				52.3	50
12				41.8	50
13				30.4	50
14				71.1	50
15	IV 类	5.87	0.063	53.6	50
16				31.6	50

7.3.2 物理模拟实验

本节所指废弃产量条件是指物理模拟实验过程中，瞬时产气量降为初期配产的 10%；极限条件是指物理模拟实验结束时，检测不到瞬时产气量或各测点压力长时间保持平稳不变。

1. Ⅰ类储层

Ⅰ类储层岩心的平均孔隙度 12.7%，渗透率 $1.630 \times 10^{-3} \mu m^2$，分别在不同含水饱和度下进行衰竭开采实验，设定产气速度为 0.5L/min。

1）瞬时产气曲线

图 7-6 为不同含水饱和度下的瞬时产气曲线，可见在相同采气速度下，稳产时间随含水饱和度增加而减少，含水饱和度为 30.3%、40.1%和 69.9%时，稳产期分别为 45min、35min 和 10min。

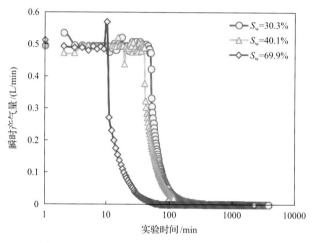

图 7-6　Ⅰ类储层模型不同含水饱和度产气特征

2）不同生产阶段的压力剖面

实验过程中，分别设置了包括入口和出口的共计 6 个测压点，监测产气过程中岩心各处的压力变化，绘制得到稳产期末、废弃产量时及实验结束时不同含水饱和度下压力剖面。稳产期末、废弃产量时及实验结束时的压力剖面特征如图 7-7～图 7-9 所示。

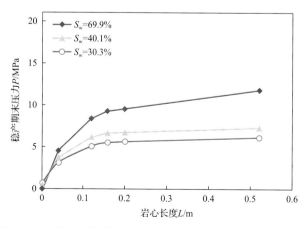

图 7-7　Ⅰ类储层模型不同含水饱和度下稳产期末的压力剖面

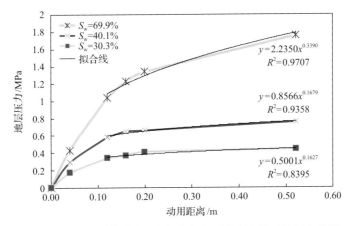

图 7-8　Ⅰ类储层模型不同含水饱和度下废弃产量时的压力剖面

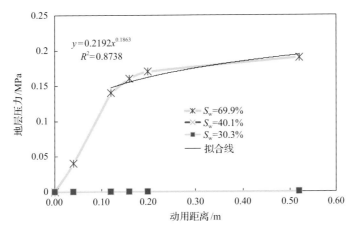

图 7-9　Ⅰ类储层模型不同含水饱和度下实验结束时的压力剖面

　　总体上，不同时期的压降剖面具有相似特征，即距出口最近处压力下降最快，且压降梯度较大。当实验结束，气井产量为零，含水饱和度为 30.3% 和 40.1% 时各点压力均下降为零，表明气藏开发效果较好，气体得到完全释放；当含水饱和度 69.9% 时，模型各点处仍有压力，表明储层具有启动压力梯度，当压差小到一定程度时气体已无法完全产出。

2. Ⅱ类储层

　　Ⅱ类储层岩心的平均孔隙度为 10.6%，渗透率为 $0.58 \times 10^{-3} \mu m^2$，分别在不同含水饱和度下进行衰竭开采实验，设定产气速度为 0.05L/min。

1) 瞬时产气曲线

　　图 7-10 为测得的不同含水饱和度下的瞬时产气曲线，分析可见，相同采气速度下，稳产时间随含水饱和度增加而减少。

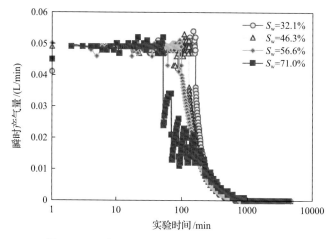

图 7-10　Ⅱ类储层模型不同含水饱和度产气特征

2) 不同生产阶段的压力剖面

实验过程中，分别设置包括入口和出口共计 6 个测压点，监测产气过程中岩心各处的压力变化，绘制得到稳产期末、废弃产量时及实验结束时不同含水饱和度下压力剖面。稳产期末废弃产量时及实验结束时压力的剖面特征如图 7-11～图 7-13 所示。

总体上，不同时期的压降剖面具有相似特征，即距出口最近处压力下降最快，且压降梯度较大。当实验结束，气井产量为零时，含水饱和度为 32.1%时各点压力均下降至 0.1MPa 以下，表明气藏开发效果较好，气体基本得到完全释放。含水饱和度为 46.3%、56.6%、71.0%时，模型各点处仍有压力，表明储层具有启动压力梯度。剩余压力与剩余储量均随着含水饱和度的增加而增加。

3. Ⅲ类储层

Ⅲ类储层岩心的平均孔隙度为 7.97%，渗透率为 $0.175 \times 10^{-3} \mu m^2$，分别在不同含水饱和度下进行衰竭开采实验，设定产气速度为 0.05L/min。

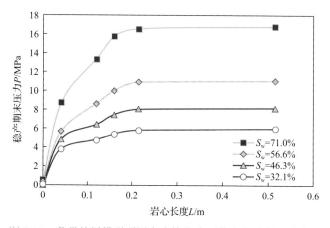

图 7-11　Ⅱ类储层模型不同含水饱和度下稳产期末的压力剖面

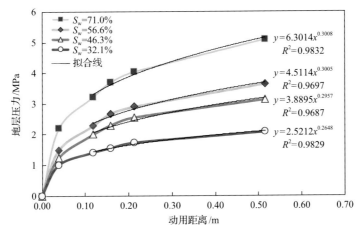

图 7-12   Ⅱ类储层模型不同含水饱和度下废弃产量时的压力剖面

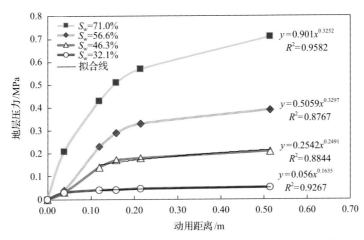

图 7-13   Ⅱ类储层模型不同含水饱和度下实验结束时的压力剖面

1) 瞬时产气曲线

图 7-14 为不同含水饱和度下的瞬时产气曲线，可以看出相同采气速度下，稳产时间与累计产气量随含水饱和度增加而减少。

2) 不同生产阶段的压力剖面

实验过程中，分别设置了包括入口和出口的共计 6 个测压点，监测产气过程中岩心各处的压力变化，绘制得到稳产期末、废弃产量时及实验结束时不同含水饱和度下的压力剖面如图 7-15～图 7-16 所示。

总体上，不同时期的压降剖面具有相似特征，即距出口最近处压力下降最快，且压降梯度较大。当实验结束，气井产量为零时，含水饱和度为 30.4% 时各点压力均下降到 0～0.1MPa 以下，表明气藏开发效果较好，气体基本得到完全释放。含水饱和度为 41.8%、52.3%、61.0%、65.1%、70.0% 时，模型各点处仍有压力，表明储层具有启动压力梯度。剩余压力与剩余储量均随着含水饱和度的增加而增加。

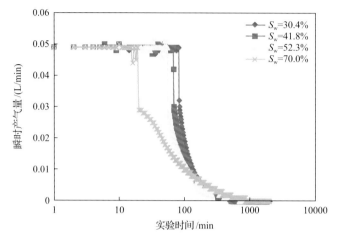

图 7-14　Ⅲ类储层模型不同含水饱和度下的产气特征

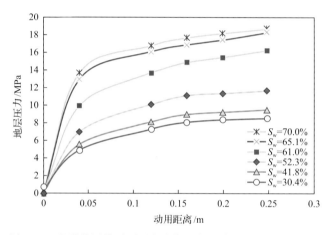

图 7-15　Ⅲ类储层模型不同含水饱和度下稳产期末的压力剖面

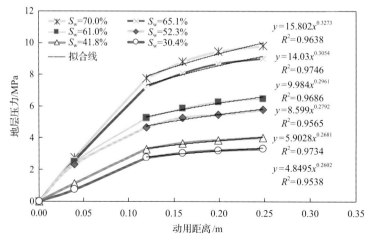

图 7-16　Ⅲ类储层模型不同含水饱和度下废弃产量时的压力剖面

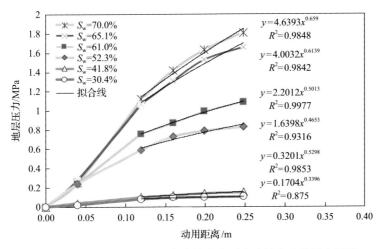

图 7-17　Ⅲ类储层模型不同含水饱和度下实验结束时的压力剖面

4. Ⅳ类储层

Ⅳ类储层岩心平均孔隙度为 5.9%，渗透率为 $0.063 \times 10^{-3} \mu m^2$，分别在不同含水饱和度下进行衰竭开采实验，设定产气速度为 0.05L/min。

1) 瞬时产气曲线

图 7-18 为不同含水饱和度下的瞬时产气曲线。相同采气速度下，稳产时间与累计产气量随含水饱和度增加而减少，含水饱和度为 30.1%、53.6% 和 73.1%时稳产期分别为 30min、22min 和 9min。

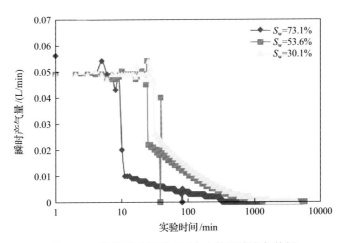

图 7-18　Ⅳ类储层模型不同含水饱和度产气特征

2) 不同生产阶段的压力剖面

实验过程中，分别设置了包括入口和出口的共计 6 个测压点，监测产气过程中岩心各处的压力变化，绘制得到稳产期末、废弃产量时及实验结束时不同含水饱和度下压力剖面，如图 7-19～图 7-21 所示。

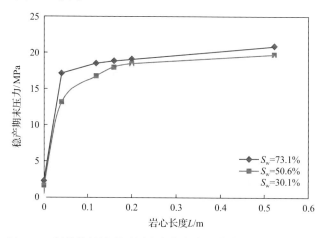

图 7-19   Ⅳ类储层模型不同含水饱和度下稳产期末的压力剖面

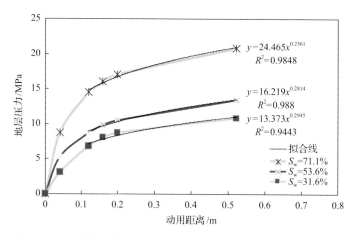

图 7-20   Ⅳ类储层模型不同含水饱和度下废弃产量时的压力剖面

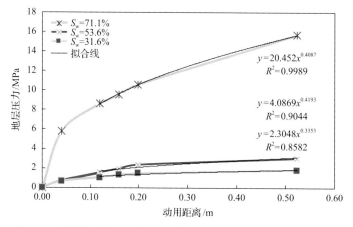

图 7-21   Ⅳ类储层模型不同含水饱和度下实验结束时的压力剖面

　　总体上，不同时期的压降剖面具有相似特征，即距出口最近处压力下降最快，且压降梯度较大。当实验结束，气井产量为零时，含水饱和度为 31.6%、53.6%、71.1% 时，模型各点处仍有压力，表明储层具有启动压力梯度。剩余压力与剩余储量均随着含水饱和度的增加而增加。

　　从四种类型储层模型实验结果可以看出，剩余压力与剩余储量均随着储层物性参数变差而增加。同时，启动压力随着储层物性参数变差而变大。

7.3.3　幂函数拟合关系

　　根据 7.3.2 节中废弃产量时实验结束时压力剖面特征(图 7-8、图 7-9、图 7-12、图 7-13、图 7-16、图 7-17、图 7-20 和图 7-21)，为排除末端效应对实验的影响，选择距离采气端较远的数据点用幂函数进行拟合，得出地层压力与动用距离拟合函数关系，根据图中拟合关系可以求取式(7-3)中的 a、b 值(表 7-2)。

7.3.4　动用距离与压力分布特征

1. 废弃产量时

　　根据表 7-2 中幂函数拟合关系式中获得 a、b 值，代入式(7-3)，即可以计算该情景下动用距离与压力分布特征(图 7-22)。

表 7-2　幂函数拟合关系 a、b 值

平均孔隙度/%	平均渗透率/$10^{-3}\mu m^2$	平均 S_w/%	废弃产量时 $y = ax^b$		实验结束时 $y = ax^b$	
			a	b	a	b
12.745	1.63	69.9	2.235	0.339	0.2192	0.1863
12.745	1.63	40.1	0.8566	0.1679		
12.745	1.63	30.3	0.5001	0.1627		
10.6	0.58	71.0	6.3014	0.3008	0.9010	0.3252
10.6	0.58	56.6	4.5114	0.3005	0.5059	0.3297
10.6	0.58	46.3	3.8895	0.2957	0.2542	0.2491
10.6	0.58	32.1	2.5212	0.2648	0.0560	0.1635
6.9	0.175	70.0	15.8020	0.3273	4.6393	0.6590
6.9	0.175	65.1	14.0300	0.3054	4.0032	0.6139
6.9	0.175	61.0	9.9840	0.2961	2.2012	0.5013
6.9	0.175	52.3	8.5990	0.2792	1.6398	0.4653
6.9	0.175	41.8	5.9028	0.2681	0.3201	0.5298
6.9	0.175	30.4	4.8495	0.2602	0.1704	0.3396
5.9	0.063	71.1	24.4650	0.2361	20.4520	0.4087
5.9	0.063	53.6	16.2190	0.2814	4.0869	0.4193
5.9	0.063	31.6	13.3730	0.2945	2.3048	0.3353

2. 极限条件

根据表 7-2 中幂函数拟合关系式中获得的 a、b 值，代入式(7-3)，即可以计算该情景下动用距离与压力分布特征(图 7-23)。

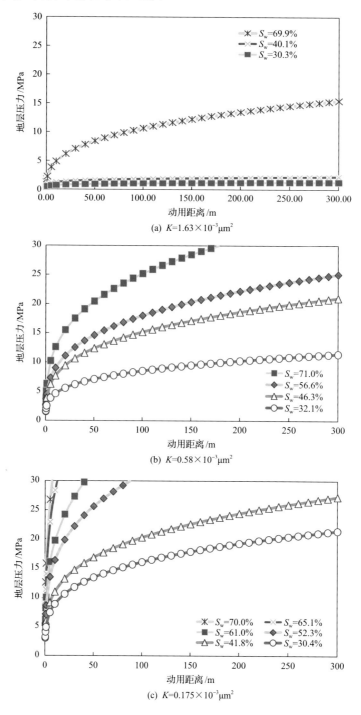

(a) $K=1.63\times10^{-3}\mu m^2$

(b) $K=0.58\times10^{-3}\mu m^2$

(c) $K=0.175\times10^{-3}\mu m^2$

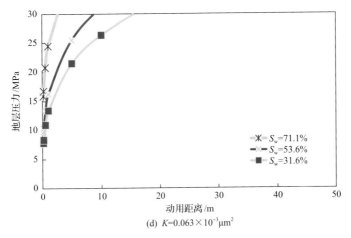

(d) $K=0.063\times10^{-3}\mu m^2$

图 7-22　废弃产量时动用距离与压力分布特征

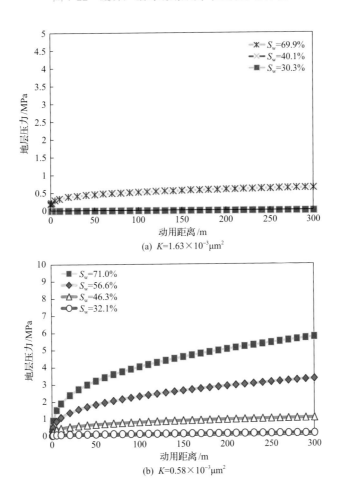

(a) $K=1.63\times10^{-3}\mu m^2$

(b) $K=0.58\times10^{-3}\mu m^2$

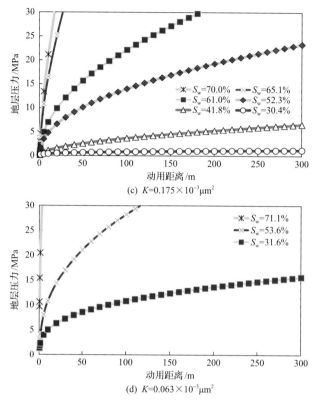

(c) $K=0.175\times10^{-3}\mu m^2$

(d) $K=0.063\times10^{-3}\mu m^2$

图 7-23　极限条件下动用距离与压力分布特征

7.3.5　动用范围评价

1. 废弃产量时

取原始地层压力 30MPa，根据表 7-2 中幂函数拟合关系式中获得的 a、b 值，代入式(7-3)，即可以计算该情景下最大动用范围(表 7-3)，建立了动用范围与储层渗透率与含水饱和度之间的关系图版(图 7-24)。分析可以得出，不同渗透率储层动用范围差异显著，主要受储层渗透率与含水饱和度影响。对于常规空气渗透率为 $1.63\times10^{-3}\mu m^2$ 的储层，其动用范围非常大；对于常规空气渗透率为 $0.58\times10^{-3}\mu m^2$ 的储层，动用范围扩展速度较快，即使含水饱和度高达 56.6%，废弃产量时动用范围也可以达到 550m，主要受砂体边界控制，且动用范围内地层压力分布较为平缓；对于常规空气渗透率为 $0.175\times10^{-3}\mu m^2$ 的储层，废弃产量(初期配产×10%)时对应的最大动用距离与含水饱和度大小关系十分密切，当含水饱和度为 30.4% 时动用范围可达 1100m，随含水饱和度增加动用范围大幅度缩小，当含水饱和度不小于 52.3% 时，动用范围不大于 90m；对于常规空气渗透率为 $0.063\times10^{-3}\mu m^2$ 的储层，动用范围由近井向外围扩展极其缓慢，即使含水饱和度仅为 31.6%，废弃产量(初期配产的 10%)时动用范围只有 16m，极限动用范围仅为 2.1km，

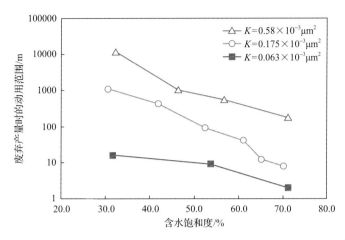

图 7-24　废弃产量(10%初始配产)时动用范围与含水饱和度的关系(初期配产×10%)

表 7-3　动用范围评价结果

平均孔隙度 /%	平均渗透率 /$10^{-3}\mu m^2$	废弃产量，10%初始配产				最终极限动用		
		平均 S_w%	$y = ax^b$		30MPa 动用半径 /m	$y = ax^b$		30MPa 动用半径/km
			a	b		a	b	
12.7	1.63	69.9	2.2350	0.3390	2130	0.2192	0.1863	3×10^8
		40.1	0.8566	0.1679	1.6×10^9			无限大
		30.3	0.5001	0.1627	8×10^{10}			无限大
10.6	0.58	71.0	6.3014	0.3008	180	0.9010	0.3252	48
		56.6	4.5114	0.3005	550	0.5059	0.3297	240
		46.3	3.8895	0.2957	1×10^3	0.2542	0.2491	2.1×10^5
		32.1	2.5212	0.2648	1.2×10^4	0.0560	0.1635	5×10^{13}
6.9	0.175	70.0	15.8020	0.3273	8	4.6393	0.6590	0.017
		65.1	14.0300	0.3054	12	4.0032	0.6139	0.027
		61.0	9.9840	0.2961	41	2.2012	0.5013	0.185
		52.3	8.5990	0.2792	90	1.6398	0.4653	0.55
		41.8	5.9028	0.2681	430	0.3201	0.5298	5.5
		30.4	4.8495	0.2602	1.1×10^3	0.1704	0.3396	4.1×10^3
5.9	0.063	71.1	24.4650	0.2361	2	20.4520	0.4087	0.003
		53.6	16.2190	0.2814	9	4.0869	0.4193	0.115
		31.6	13.3730	0.2945	16	2.3048	0.3353	2.1

且动用范围内地层压力分布呈现凹深漏斗形态。因此，对致密砂岩气藏，储量动用除了受砂体边界控制，还会受动用范围影响。研究成果为类似气藏开发井网部署、加密调整等提供重要参考依据。

2. 极限产量条件

取原始地层压力 30MPa，根据表 7-2 中幂函数拟合关系式中获得的 a、b 值，代入式(7-3)，即可以计算该情景下最大动用距离(表 7-3)，建立了动用范围与储层渗透率及含水饱和度之间的关系图版(图 7-25)。分析可以得出，对于常规空气渗透率为 $0.58 \times 10^{-3} \mu m^2$ 的储层，极限动用范围受含水饱和度影响不大，即使含水饱和度高达 56.6%，动用范围也可以达到 240km；对于常规空气渗透率为 $0.175 \times 10^{-3} \mu m^2$ 的储层，极限动用范围受含水饱和度影响较大，当含水饱和度不大于 41.8% 时，极限动用范围不小于 5.5km，随含水饱和度增加，极限动用范围大幅度缩小，当含水饱和度不小于 52.3% 时，极限动用范围不大于 0.55km；对于常规空气渗透率为 $0.063 \times 10^{-3} \mu m^2$ 的储层，极限动用范围也十分有限，即使含水饱和度仅为 31.6%，极限动用范围仅为 2.1km。因此，对致密砂岩气藏，储量动用除了受砂体边界控制，还会受动用范围影响。研究成果为类似气藏开发井网部署、加密调整等提供重要参考依据。

从极限动用范围与废弃产量条件下的动用范围对比来看，极限动用范围远远大于废弃产量条件下的动用范围，这表明对致密砂岩气藏，虽然基质供气能力差、动用缓慢，但在低产期仍可获得较大的储量动用，因此，开发上需要尽可能降低废弃产量条件，延长致密砂岩气井生命周期，提高气藏储量动用。

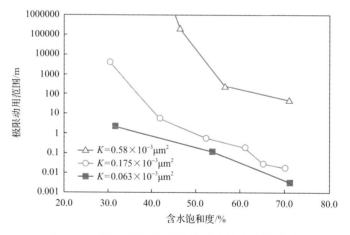

图 7-25 极限条件动用范围与含水饱和度的关系

7.4 致密砂岩气动用程度评价

7.4.1 废弃产量条件

以鄂尔多斯盆地苏里格气田为例，取原始地层压力 30MPa，根据废弃产量条件下的动用距离与压力分布特征，采用式(7-3)计算方法，对废弃产量条件下渗透率为 $1.63 \times$

$10^{-3} \mu m^2$、$0.58 \times 10^{-3} \mu m^2$、$0.175 \times 10^{-3} \mu m^2$、$0.063 \times 10^{-3} \mu m^2$ 四类不同含水饱和度储层在井控范围为 400m 和井控范围为 200m 条件的动用程度进行了系统评价(表 7-4)。

在井控范围为 400m 条件下(图 7-26)，$1.63 \times 10^{-3} \mu m^2$ 的储层动用程度较高，当含水饱和度小于等于 40.1% 时，动用程度大于等于 93.2%，即使含水饱和度达到 69.9%，其动用程度也达到 57.0%；$0.58 \times 10^{-3} \mu m^2$ 的储层动用程度在含水饱和度为 32.1% 时动用程

表 7-4　废弃产量条件下不同井控范围储量动用程度

孔隙度/%	渗透率/$10^{-3} \mu m^2$	平均 S_w/%	不同井控范围条件下动用程度/%					
			100m	200m	300m	400m	500m	400m 与 200m 的差值
12.745	1.63	69.9	72.3	65.6	60.9	57.0	53.8	8.6
12.745	1.63	40.1	94.5	93.9	93.5	93.2	93.0	0.7
12.745	1.63	30.3	96.8	96.5	96.3	96.1	96.0	0.4
10.6	0.58	71.0	32.9	19.0	12.7	9.5	7.6	9.5
10.6	0.58	56.6	52.0	41.9	34.8	29.2	24.4	12.7
10.6	0.58	46.3	59.4	51.0	45.1	40.4	36.5	10.5
10.6	0.58	32.1	76.6	72.4	69.5	67.2	65.2	5.2
6.9	0.175	70.0	0.9	0.4	0.3	0.2	0.2	0.2
6.9	0.175	65.1	1.7	0.9	0.6	0.4	0.3	0.4
6.9	0.175	61.0	7.1	3.5	2.4	1.8	1.4	1.8
6.9	0.175	52.3	16.4	8.2	5.5	2.6	2.1	5.6
6.9	0.175	41.8	44.7	34.5	27.4	21.8	17.5	12.7
6.9	0.175	30.4	56.0	48.1	42.6	38.3	34.4	9.7
5.9	0.063	71.1	0.2	0.1	0.1	0.1	0.0	0.1
5.9	0.063	53.6	1.0	0.5	0.3	0.3	0.2	0.3
5.9	0.063	31.6	2.3	1.1	0.8	0.6	0.5	0.6

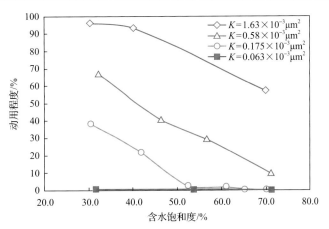

图 7-26　在井控范围 400m 条件下动用程度

度为 67.2%，随含水饱和度增加而下降，当含水饱和度为 71.0%时动用程度仅为 9.5%；0.175×10^{-3}μm^2 的储层动用程度在含水饱和度为 30.4%时动用程度 38.3%，随含水饱和度增加，动用程度呈线性下降，当含水饱和度不小于 52.3%时动用程度不大于 2.6%，储量难以动用；0.063×10^{-3}μm^2 的储层动用程度不大于 0.5%，难以动用。

在井控范围为 200m 条件下(图 7-27)，1.63×10^{-3}μm^2 的储层动用程度当含水饱和度小于等于 40.1%时，动用程度大于等于 93.9%，即使含水饱和度达到 69.9%，其动用程度高达 65.6%；0.58×10^{-3}μm^2 的储层在含水饱和度为 32.1%时动用程度 72.4%，随含水饱和度增加，动用程度有所下降，当含水饱和度为 71.0%时动用程度为 19.0%；0.175×10^{-3}μm^2 的储层在含水饱和度为 30.4%时动用程度 48.1%，当含水饱和度为 52.3%时动用程度小于等于 8.2%；当含水饱和度大于等于 61.0%时动用程度仅为 3.5%，储量难以动用；0.063×10^{-3}μm^2 的储层动用程度小于等于 1.1%，储量难以动用。

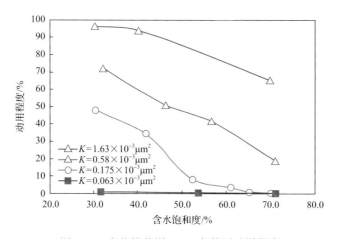

图 7-27　在井控范围 200m 条件下动用程度

对比分析井控范围为 400m 和 200m 条件下不同渗透率储层动用程度得出：井控范围从 400m 加密至 200m，不同渗透率储层在不同含水饱和度提高储量动用程度效果存在差异。对于 1.63×10^{-3}μm^2 的储层，含水饱和度为 69.9%时提高幅度为 8.6%，在含水饱和度不大于 40.1%时提高幅度不大于 0.7%；对于 0.58×10^{-3}μm^2 的储层，动用程度整体均有较大幅度提高，含水饱和度为 32.1%时提高 5.2%，含水饱和度为 46.3%～56.6%时提高幅度最大，为 10.5%～12.7%，当含水饱和度为 71.0%时，动用程度提高幅度为 9.5%；对于 0.175×10^{-3}μm^2 的储层，当含水饱和度不大于 52.3%时，动用程度提高幅度不小于 5.6%，含水饱和度为 41.8%时提高幅度最大，达 12.7%，对于含水饱和度不小于 61.0%时提高幅度有限，不大于 1.8%；对于 0.063×10^{-3}μm^2 的储层，动用程度提高幅度十分有限，不大于 0.6%(图 7-28)。因此，在井网加密时需要根据储层条件有针对性优化开展。

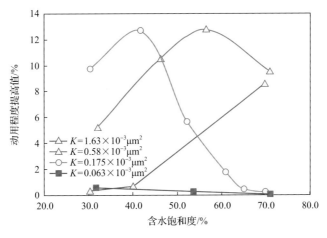

图 7-28 井控范围 400m 加密至 200m 动用程度提高幅度

7.4.2 极限条件

以鄂尔多斯盆地苏里格气田为例，取原始地层压力 30MPa，根据极限条件下的动用距离与压力分布特征，采用式(7-3)计算方法，对极限条件下渗透率为 $1.63 \times 10^{-3} \mu m^2$、$0.58 \times 10^{-3} \mu m^2$、$0.175 \times 10^{-3} \mu m^2$、$0.063 \times 10^{-3} \mu m^2$ 四类不同含水饱和度储层在井控范围为 400m 和井控范围为 200m 条件的极限动用程度进行了系统评价(表 7-5)。

表 7-5 极限条件下不同井控范围储量动用程度

孔隙度/%	渗透率/$10^{-3} \mu m^2$	平均 S_w/%	不同井控范围条件下动用程度/%					
			100m	200m	300m	400m	500m	400m 与 200m 的差值
12.745	1.63	69.9	98.4	98.3	98.2	98.1	98.0	0.1
12.745	1.63	40.1	100.0	100.0	100.0	100.0	100.0	0.0
12.745	1.63	30.3	100.0	100.0	100.0	100.0	100.0	0.0
10.6	0.58	71.0	89.3	87.0	85.2	83.9	82.7	3.1
10.6	0.58	56.6	93.9	92.5	91.5	90.7	90.0	1.8
10.6	0.58	46.3	97.7	97.4	97.1	96.9	96.8	0.4
10.6	0.58	32.1	99.5	99.6	99.5	99.5	99.5	0.0
6.9	0.175	70.0	4.5	2.2	1.5	1.1	0.9	1.1
6.9	0.175	65.1	7.2	3.6	2.4	1.8	1.4	1.8
6.9	0.175	61.0	47.9	28.5	19.0	14.3	11.4	14.3
6.9	0.175	52.3	66.4	54.8	45.9	38.4	31.9	16.3
6.9	0.175	41.8	91.4	88.0	85.3	83.0	80.9	5.0
6.9	0.175	30.4	97.8	97.3	97.0	96.7	96.4	0.6
5.9	0.063	71.1	0.4	0.2	0.1	0.1	0.1	0.1
5.9	0.063	53.6	30.4	15.3	10.2	7.7	6.1	7.7
5.9	0.063	31.6	71.8	65.2	60.4	56.5	53.3	8.6

无论井控范围为 400m 还是 200m,极限条件下 $1.63 \times 10^{-3} \mu m^2$ 和 $0.58 \times 10^{-3} \mu m^2$ 的储层极限动用程度均非常高,受井控范围影响不大,$1.63 \times 10^{-3} \mu m^2$ 的储层全部可以得到动用,$0.58 \times 10^{-3} \mu m^2$ 的储层即使含水饱和度达到 71.0%,其极限动用程度也高达 83.9%;井控范围大小主要对 $0.175 \times 10^{-3} \mu m^2$ 和 $0.063 \times 10^{-3} \mu m^2$ 的储层动用程度产生影响。

在井控范围为 400m 条件下(图 7-29),$0.175 \times 10^{-3} \mu m^2$ 的储层动用程度受含水饱和度影响显著,随含水饱和度增加,动用程度急剧下降,当含水饱和度不大于 41.8%时动用程度不小于 83.0%,当含水饱和度不小于 52.3%时动用程度不大于 38.1%;$0.063 \times 10^{-3} \mu m^2$ 的储层在含水饱和度为 31.6%时动用程度为 56.5%,在含水饱和度为 53.6%时动用程度仅有 7.7%,在含水饱和度为 71.1%时难以动用。

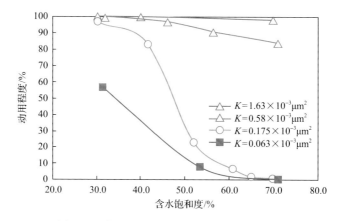

图 7-29　井控范围 400m 条件下极限动用程度

在井控范围为 200m 条件下(图 7-30),$0.175 \times 10^{-3} \mu m^2$ 的储层动用程度提高幅度较为明显,含水饱和度不大于 41.8%时动用程度不小于 88.0%,当含水饱和度为 52.3%时动用程度为 54.8%;当含水饱和度不小于 61.0%时动用程度不小于 28.5%;$0.063 \times 10^{-3} \mu m^2$ 的储层动用程度也有所提高,在含水饱和度为 31.6%时动用程度为 65.2%,在含水饱和度为 53.6%动用程度仅有 15.3%,在含水饱和度为 71.1%时难以动用。

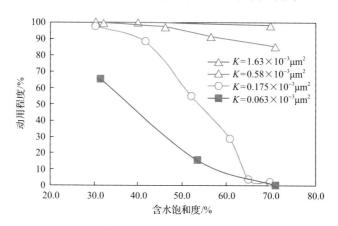

图 7-30　井控范围 200m 条件下极限动用程度

对比分析井控范围为 400m 和 200m 条件下不同渗透率储层极限动用程度得出：井控范围从 400m 加密至 200m，对于 $1.63 \times 10^{-3} \mu m^2$ 和 $0.58 \times 10^{-3} \mu m^2$ 的储层气水流动性较好，动用程度较高，因此，对于提高储量动用程度并不明显；对于 $0.175 \times 10^{-3} \mu m^2$ 储层，在含水饱和度为 52.3%～61.0% 时极限动用程度提高幅度最为显著，最大可以提高 16.3%；对于 $0.063 \times 10^{-3} \mu m^2$ 的储层也有一定效果，在含水饱和度不大于 53.6% 极限动用程度提高幅度大于 7.7%（图 7-31）。

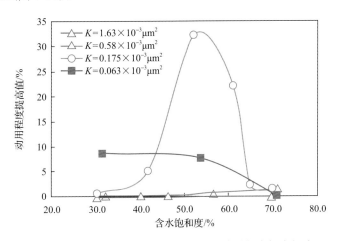

图 7-31　井控范围 400m 加密至 200m 动用程度提高幅度

因此，对于含水致密砂岩气藏，井网加密提高动用程度具有一定适应性。对于 $1.63 \times 10^{-3} \mu m^2$ 和 $0.58 \times 10^{-3} \mu m^2$ 的储层气水流动性较好，极限动用程度较高，因此，井网加密对提高极限储量动用程度并不明显；对于 $0.175 \times 10^{-3} \mu m^2$ 含水饱和度介于 41.8%～61.0% 的储层和 $0.063 \times 10^{-3} \mu m^2$ 含水饱和度小于等于 53.6% 的储层有效。

7.4.3　极限条件与废弃产量条件动用程度对比

在井控范围一定条件下，对比分析极限条件和废弃产量条件下动用程度（图 7-32），结果表明，无论井控范围是 400m 还是 200m，极限动用程度均远高于废弃产量时的动用程度。对于 $1.63 \times 10^{-3} \mu m^2$ 的储层，在含水饱和度不大于 40.1% 时，极限与废弃产量条件动用程度差异不大，但对于含水饱和度 69.9% 时，极限动用程度比废弃产量下动用程度高 32.7% 以上；对于 $0.58 \times 10^{-3} \mu m^2$ 的储层，极限条件动用程度高于废弃产量动用程度达 27.2% 以上，含水饱和度越高，极限条件下动用程度提高幅度越大；对于 $0.175 \times 10^{-3} \mu m^2$ 储层，在含水饱和度不大于 52.3% 时极限条件动用程度高于废弃产量条件动用程度达 35.9% 以上，最高可达 61.2%，对于含水饱和度大于 52.3% 时，两者差异不大；对于 $0.063 \times 10^{-3} \mu m^2$ 储层也有一定效果，在含水饱和度不大于 53.6% 时，极限条件动用程度高于废弃产量动用程度不小于 7.4%，随含水饱和度降低，动用程度增加，最大可提高 64%，当含水饱和度大于 53.6% 时，两者动用程度差异不大。

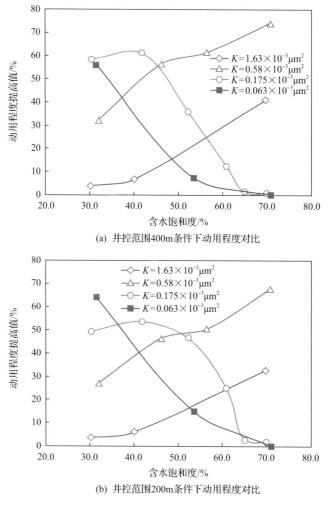

(a) 井控范围400m条件下动用程度对比

(b) 井控范围200m条件下动用程度对比

图 7-32 极限条件和废弃产量条件下动用程度

由此可以看出，对于含水致密砂岩气藏，采用保护性开发措施，尽可能降低废弃产量条件，延长气井生命周期，有利于提高储量动用。

7.5 提高气藏采收率基本思路

绿色、低碳、清洁的天然气资源是我们改善环境、应对气候变化和实现"蓝天工程、美丽中国"的重要能源基础。近十年来，我国天然气快速发展，2019 年天然气产量突破亿吨油当量，已成为世界重要的天然气生产国，与煤、石油呈三分天下之势，天然气发展正步入关键机遇期。

我国天然气已探明可采储量超数万亿方。气藏采收率每提高 1%即可增产超百亿方天然气，可满足近 1 亿家庭一年的民用生活用气，从这一点来说，我们的科研工作意义重大，与实现中国梦密切相关。但对于我国复杂的气藏条件，1%说起来容易，做起来难，需要我们用放大镜探索整个世界，用显微镜挖掘每处宝藏。受储层基质致密、强非均质性、高含水饱和度等因素影响，我国气藏采收率普遍较低，目前平均采出程度不到30%，面临着"看得见资源、拿不到产量"的困局。因此，如何推动气藏开发理论发展，揭示气藏开发规律，将理想的储量变为现实的产量是我们天然气开发工作者追梦的目标，也是我们肩负的时代使命。

1. 气藏采收率定义及评价模型

气藏采收率定义为累计采出气量与地质储量之比。
气藏采收率评价模型如下：
地质储量：

$$G = 0.01A_i h_i \Phi_i S_{gi} \frac{T_{sc}}{T} \frac{P_i}{P_{sc}} \frac{1}{Z_i} \tag{7-4}$$

剩余储量：

$$G_T = 0.01A_t h_t \varphi_t S_{gt} \frac{T_{sc}}{T} \frac{P_i - P_t}{P_{sc}} \frac{1}{Z_t} \tag{7-5}$$

采出气量：

$$G - G_T = 0.01A_i h_i \Phi_i S_{gi} \frac{T_{sc}}{T} \frac{P_i}{P_{sc}} \frac{1}{Z_i} - 0.01A_t h_t \Phi_t S_{gt} \frac{T_{sct}}{T_t} \frac{P_t}{P_{sct}} \frac{1}{Z_t} \tag{7-6}$$

气藏采收率评价模型：

$$E_R = \frac{G - G_T}{G} = \frac{0.01A_i h_i \Phi_i S_{gi} \frac{T_{sc}}{T} \frac{P_i}{P_{sc}} \frac{1}{Z_i} - 0.01A_t h_t \Phi_t S_{gt} \frac{T_{sct}}{T_t} \frac{P_t}{P_{sct}} \frac{1}{Z_t}}{0.01A_i h_i \Phi_i S_{gi} \frac{T_{sc}}{T} \frac{P_i}{P_{sc}} \frac{1}{Z_i}} \tag{7-7}$$

$$= 1 - \frac{A_t h_t}{A_i h_i} \frac{\Phi_t}{\Phi_i} \frac{S_{gt}}{S_{gi}} \frac{P_t}{P_i} \frac{Z_i}{Z_t}$$

式(7-4)~式(7-7)中：E_R为气藏采收率，%；G为原始天然气地质储量，$10^8 m^3$；A_i为原始含气的面积，km^2；h_i为有效厚度，m；Φ_i为原始地层孔隙度；S_{gi}为原始含气饱和度；T_{sc}为标准温度，K；P_{sc}为标准压力，MPa；T为地层温度，K；P_i为原始地层压力，MPa；Z_i为原始地层温度压力条件下的气体偏差系数；A_t为t时刻未动用含气面积，km^2；h_t为t时刻未动用有效厚度，m；Φ_t为t时刻储层的孔隙度；S_{gt}为t时刻的储层含气饱和度；P_t为t时刻的地层压力，MPa；Z_t为t时刻地层温度压力条件下的气体偏差系数。

2. 提高气藏采收率思路与方法

根据天然气渗流力学特征，结合气藏采收率评价模型，提高气藏采收率的核心是改善储层渗流能力、提高气藏动用能力；基本思路是结合气藏地质与生产特征，采用物理模拟实验与数学评价方法相结合，明确气藏储层渗流平衡界限，制订合理开发技术对策，提高气藏动力、降低阻力、实现产能目标和气藏采收率最大化。提高气藏采收率的方法如下。

(1)采用气藏开发实验和数学评价方法结合，根据储层平面和纵向展布特征，明确气藏砂体边界与动用边界关系，为压裂施工参数设计和井网部署与加密优化方案提供依据。

(2)根据储层基质动用规律，落实可动用储量，为制订科学合理的气藏开发指标奠定基础。

(3)气藏储层气水渗流实验与地质特征结合，识别可动水水层，为优化射孔提供指导。

(4)根据气藏储层气水渗流实验，明确储层孔隙水流动界限，综合考虑储层基质供气能力和可动水流动条件，为优化气井配产提供依据。

(5)综合考虑地层压力、岩石与流体性质，评价地层弹性能量并合理利用。

(6)提高气藏采收率技术对策：①结合气藏地质条件，根据储层基质动用边界，实施合理的直井和水平井压裂，最大限度地提高纵向多层和平面非均质储层基质动用；②识别可动水层，优化射孔层位，控制储层可动水产出；③综合考虑储层基质供气能力和可动水流动条件，优化气井配产；④以可动用储量为基础，优化气藏采气速度；⑤合理利用气藏弹性能量。

参 考 文 献

[1] 胡勇, 李熙喆, 陆家亮, 等. 地层压力条件下岩心渗透率测试方法及装置: ZL201110373381.4[P]. 2012-07-1.

[2] 胡勇, 李熙喆, 陆家亮, 等. 储层孔隙水可动性测试方法: ZL201410581854.3[P]. 2015-01-28.

[3] 胡勇, 李熙喆, 朱华银, 等. 裂缝性底水气藏水侵动态物理模拟实验方法及其装置: ZL201210291416.4[P]. 2012-12-9.

[4] 胡勇, 焦春艳, 李熙喆, 等. 储层供气能力检测系统及使用方法: ZL201410418599.0[P]. 2016-03-02.

[5] 胡勇, 朱华银, 罗瑞兰, 等. 岩心中气体渗流启动压力测试方法及其装置: ZL201010543718.7[P]. 2012-05-23.

[6] 胡勇, 焦春艳, 徐轩, 等. 一种计算岩心起始充注压力的实验方法: ZL201510254140.6[P]. 2015-09-16.

[7] 朱华银, 胡勇, 万玉金, 等. 一种气藏开发动态物理模拟方法及其装置: ZL200810119555.2[P]. 2010-03-10.

[8] 徐轩, 胡勇, 朱华银, 等. 低渗透储层气体启动压力梯度测量装置及方法: ZL201410553044.7[P]. 2015-01-21.

[9] 徐轩, 胡勇, 焦春艳, 等. 一种岩心孔隙压缩系数测试装置及其测试方法: ZL201410662702.6[P]. 2015-02-25.

[10] 徐轩, 胡勇, 焦春艳, 等. 地层条件下岩心可动水饱和度在线检测方法: ZL201710821274.0[P]. 2019-11-08.

[11] 中华人民共和国国家质量监督检验检疫总局, 中国国家标准化委员会. 岩石毛细管压力曲线的测定: GB/T 29171—2012[S]. 北京: 中国标准出版社, 2012.

[12] 国家能源局. 岩石薄片鉴定: SY/T 5368—2016[S]. 北京: 石油工业出版社, 2016.

[13] 中国石油天然气总公司. 岩石比表面和孔径分布测定静态氮吸附容量法: SY/T 6154—2019[S]. 北京: 石油工业出版社, 2019.

[14] 中华人民共和国国家质量监督检验检疫总局, 中国国家标准化委员会. 岩心分析方法: GB/T 29172—2012[S]. 北京: 中国标准出版社, 2012.

[15] 国家能源局, 岩样核磁共振参数实验室测量规范: SY/T 6490-2014[S]. 北京: 石油工业出版社, 2014.

[16] 国家能源局. 岩石孔隙体积压缩系数测定方法: SY/T 5815—2016[S]. 北京: 石油工业出版社, 2016.

[17] 中华人民共和国国家质量监督检验检疫总局, 中国国家标准化委员会. 岩石中两相流体相对渗透率测定方法: GB/T 28912—2012[S]. 北京: 石油工业出版社, 2012.

[18] 国家能源局. 储层敏感性流动实验评价方法 SY/T 5358—2010[S]. 北京: 石油工业出版社, 2010.

[19] 胡勇, 朱华银, 陈建军, 等. 高、低渗"串联"气层供气机理物理模拟研究[J]. 天然气地球科学, 2007, 18(3): 469-472.

[20] 胡勇, 李熙喆, 万玉金, 等. 高低压双气层合采产气特征[J]. 天然气工业, 2009, 29（2）: 89-91, 142.

[21] 徐轩, 朱华银, 徐婷, 等. 多层合采气藏分层储量动用特征及判定方法[J]. 特种油气藏, 2015, 22（1）: 111-114, 156.

[22] 徐轩, 胡勇, 万玉金, 等. 高含水低渗致密砂岩气藏储量动用动态物理模拟[J]. 天然气地球科学, 2015, 26（12）: 2352-2359.

[23] 徐轩, 杨正明, 刘学伟, 等. 特低渗透大型露头模型流场测量技术及分布规律研究[J]. 岩土力学, 2012, 33（11）: 3331-3337.

[24] 赵文智, 卞从胜, 徐兆辉. 苏里格气田与川中须家河组气田成藏共性与差异[J]. 石油勘探与开发, 2013, 40（4）: 400-408.

[25] 李熙喆, 卢德唐, 罗瑞兰, 等. 复杂多孔介质主流通道定量判识标准[J]. 石油勘探与开发, 2019, 46（05）: 943-949.

[26] 李熙喆, 郭振华, 胡勇, 等. 中国超深层构造型大气田高效开发策略[J]. 石油勘探与开发, 2018, 45（1）: 111-118.

[27] 张满郎, 李熙喆, 谢武仁. 鄂尔多斯盆地山 2 段砂岩储层的孔隙类型与孔隙结构[J]. 天然气地球科学, 2008, 19（4）: 480-486.

[28] 胡勇, 李熙喆, 万玉金, 等. 致密砂岩气渗流特征物理模拟[J]. 石油勘探与开发, 2013, 40（5）: 580-584.

[29] 胡勇, 郭长敏, 徐轩, 等. 砂岩气藏岩石孔喉结构及渗流特征[J]. 石油实验地质, 2015, 37（3）: 390-393.

[30] 胡志明. 低渗透储层的微观孔隙结构特征研究及应用[D]. 北京: 中国科学院研究生院（渗流流体力学研究所）, 2006.

[31] 胡勇, 李熙喆, 陆家亮, 等. 关于砂岩气藏储层应力敏感性研究与探讨[J]. 天然气地球科学, 2013, 24（4）: 827-831.

[32] 胡勇. 上覆压力对低渗气层物性及供气能力的影响[J]. 天然气勘探与开发, 2011, 34（2）: 25-27, 80.

[33] 焦春艳, 何顺利, 谢全, 等. 超低渗透砂岩储层应力敏感性实验[J]. 石油学报, 2011, 32（3）: 489-494.

[34] 朱华银, 胡勇, 韩永新, 等. 大庆深层火山岩储层应力敏感性研究[J]. 天然气地球科学, 2007, 18（2）: 197-199, 234.

[35] Tsang Y W, Tsang C F. Flow channeling in a single fracture as a two-dimensional strongly heterogeneous permeable medium[J]. Water Resources Research, 1989, 25（9）: 2076-2080.

[36] Tsang C F, Neretnieks I. Flow channeling in heterogeneous fractured rocks[J]. Reviews of Geophysics, 1998, 36（2）: 275-298.

[37] Goc R L, Dreuzy J R D, Davy P. An inverse problem methodology to identify flow channels in fractured media using synthetic steady-state head and geometrical data[J]. Advances in Water Resources, 2010, 33（7）: 782-800.

[38] Neretnieks I. Channeling effects in flow and transport in fractured rocks-Some recent observations and models[C]//Proceedings of GEOVAL-87 Symposium, Stockholm, 1987.

[39] Holditch S A. Tight gas sands[J]. Journal of Petroleum Technology, 2006, 58（1）: 86-93.

[40] Luffel D L, Howard W E, Hunt E R. Travis Peak core permeability and porosity relationships at reservoir stress[J]. Society of Petroleum Engineers Formation Evaluation, 1991, 6(3): 310-319.

[41] Dobryn in V. Effect of overburden pressure on some properties of sandstones[J]. Society of Petroleum Engineering Journal, 1962, 2(4): 360-366.

[42] McLatchie A S, Hemstock R A, Young J W. The Effective compressibility of reservoir rock and its effects on permeability[J]. Journal of Petroleum Technology, 10(6): 49-51.

[43] Wei K K, Morrow N R, Brower K R. Effect of fluid, confining pressure, and temperature on absolute permeabilities of low permeability sandstones[J]. SPE Formation Evaluation, 1986, 1(4): 413-423.

[44] 罗瑞兰, 程林松, 彭建春, 等. 确定低渗岩心渗透率随有效覆压变化关系的新方法[J]. 中国石油大学学报: 自然科学版, 2000, 31(2): 87-90.

[45] 张浩, 康毅力, 陈一健, 等. 致密砂岩油气储层岩石变形理论与应力敏感性[J]. 天然气地球科学, 2004, 15(5): 482-486.

[46] 康毅力, 张浩, 陈一健, 等. 鄂尔多斯盆地大牛地气田致密砂岩气层应力敏感性综合研究[J]. 天然气地球科学, 2006, 17(3): 335-338, 344.

[47] 杨满平, 李允. 考虑储层初始有效应力的岩石应力敏感性分析[J]. 天然气地球科学, 2004, 15(6): 601-603.

[48] 游利军, 康毅力, 陈一健, 等. 含水饱和度和有效应力对致密砂岩有效渗透率的影响[J]. 天然气工业, 2004, 24(12): 105-107.

[49] Hunt E B, Berry V J. Evolution of gas from liquids flowing through porous media[J]. American Institute of Chemical Engineering Journal, 1956, 2(4): 560-567.

[50] Aguilera R. Incorporating capillary pressure, pore throat aperture radii, height above free-water table, and winland r35 values on pickett plots[J]. AAPG Bulletin, 2002, 86(4): 605-624

[51] Byrnes A P, Sampath K, Randolph P L. Effect of pressure and water saturation on the permeability of western tight sandstones[C]//Proceedings of the 5th Annual U. S. Dept. Energy Symposium on Enhanced Oil and Gas Recovery, Tulsa, 1979.

[52] Byrnes A P. Reservoir characteristics of low-permeability sandstones in the Rocky Mountains[J]. The Mountain Geologist, 1997, 43(1): 37-51.

[53] Byrnes A P. Aspects of permeability, capillary pressure, and relative permeability properties and distribution in low-permeability rocks important to evaluation, damage, and stimulation[C]//Proceedings Rocky Mountain Association of Geologists-Petroleum Systems and Reservoirs of Southwest Wyoming Symposium, Denver, 2003.

[54] Leverett M C. Capillary behavior in porous solids[J]. Petroleum Transactions, AIME, 1941, 142: 152-169.

[55] 胡勇, 徐轩, 李进步, 等. 砂岩气藏充注含气饱和度实验研究[J]. 天然气地球科学, 2016, 27(11): 1979-1984.

[56] 徐轩, 胡勇, 邵龙义, 等. 低渗致密砂岩储层充注模拟实验及含气性变化规律——以鄂尔多斯盆地苏里格气藏为例[J]. 中国矿业大学学报, 2017, 46(6): 1323-1331, 1339.

[57] 庄文山, 孙怡, 方旭庆. 胜利滩海地区油气成藏事件与油气富集[J]. 油气地质与采收率, 2007, 14(5): 46-49, 114.

[58] 蒋启贵, 王延斌, 秦建中. 中国南方海相烃源岩生烃过程动力学研究[J]. 石油勘探与开发, 2010, 37(2): 174-180.

[59] 宋岩, 洪峰, 夏新宇, 等. 异常压力与油气藏的同生关系——以库车坳陷为例[J]. 石油勘探与开发, 2006, 33(3): 303-308.

[60] 李明诚. 石油与天然气运移[M]. 北京: 石油工业出版社, 2004.

[61] 包友书, 张林晔, 张守春, 等. 东营凹陷油气资源相态类型分布规律[J]. 石油学报, 2009, 30(4): 530-535.

[62] 杨宝林, 叶加仁, 王子嵩. 辽东湾断陷油气成藏模式及主控因素[J]. 中国地质大学学报: 地球科学, 2014, 39(10): 1507-1519.

[63] 张守春, 张林晔, 查明, 等. 东营凹陷压力系统发育对油气成藏的控制[J]. 石油勘探与开发, 2010, 37(3): 289-296.

[64] 胡勇. 气体渗流启动压力实验测试及应用[J]. 天然气工业, 2010, 30(11): 48-50, 119.

[65] 胡勇, 朱华银, 姜文利, 等. 低渗气藏岩心孔隙结构与气水流动规律[J]. 辽宁工程技术大学学报(自然科学版), 2009, 28(S1): 35-37.

[66] 胡勇, 徐轩, 郭长敏, 等. 致密砂岩气藏储层孔喉中气体分子运动特征[J]. 西南石油大学学报(自然科学版), 2014, 36(4): 101-106.

[67] 胡勇, 李熙喆, 卢祥国, 等. 高含水致密砂岩气藏储层与水作用机理[J]. 天然气地球科学, 2014, 25(7): 1072-1076.

[68] 徐轩, 胡勇, 田姗姗, 等. 低渗致密气藏气相启动压力梯度表征及测量[J]. 特种油气藏, 2015, 22(4): 78-81, 155.

[69] 吕成远, 王建, 孙志刚. 低渗透砂岩油藏渗流启动压力梯度实验研究[J]. 石油勘探与开发, 2002, 29(2): 86-89.

[70] 刘柏林, 李治平. 准噶尔中部 X 区块低渗储层启动压力梯度研究[J]. 石油天然气学报, 2007, 26(3): 447-449.

[71] 胡勇, 朱华银, 韩永新, 等. 大庆火山岩储层物性特征系统实验研究[J]. 新疆石油天然气, 2006, 2(1): 18-21, 40.

[72] 胡勇, 朱华银, 万玉金, 等. 大庆火山岩孔隙结构及气水渗流特征[J]. 西南石油大学学报, 2007, 29(5): 63-65, 89, 200.

[73] 朱华银, 徐轩, 安来志, 等. 致密气藏孔隙水赋存状态与流动性实验[J]. 石油学报, 2016, 37(2): 230-236.

[74] 徐轩, 王继平, 田姗姗, 等. 低渗含水气藏非达西渗流规律及其应用[J]. 西南石油大学学报(自然科学版), 2016, 38(5): 90-96.

[75] 雷群, 李熙喆, 万玉金, 等. 中国低渗透砂岩气藏开发现状及发展方向[J]. 天然气工业, 2009, 29(6): 1-3, 133.

[76] Liu X, Civan F, Evens R D. Correlation of the non-Darcy flow coefficient[J]. Journal of Canadian Petroleum Technology, 1995, 34(10): 50-54.

[77] Fancher G H, Lewis J A. Flow of simple fluids through porous materials[J]. Industrial & Engineering Chemistry, 2002, 25(10): 1139-1147.

[78] Hassanizadeh S M , Gray W G . Mechanics and thermodynamics of multiphase flow in porous media including interphase boundaries[J]. Advances in Water Resources, 1990, 13(4): 169-186.

[79] 王中才, 周雯菁, 董金凤, 等. 微米级毛细管中水油驱替过程中动态毛细管力的变化[C]//中国化学会第十二届胶体与界面化学会议, 青岛, 2009.

[80] 胡勇, 邵阳, 陆永亮, 等. 低渗气藏储层孔隙中水的赋存模式及对气藏开发的影响[J]. 天然气地球科学, 2011, 22(1): 176-181.

[81] 胡勇, 李熙喆, 卢祥国, 等. 砂岩气藏衰竭开采过程中含水饱和度变化规律[J]. 石油勘探与开发, 2014, 41(6): 723-726.

[82] 朱秋影, 魏国齐, 刘锐娥, 等. 致密砂岩气藏可动水层早期判识方法及矿场应用[J]. 大庆石油地质与开发, 2018, 37(1): 171-174.

[83] 胡勇, 李熙喆, 李跃刚, 等. 低渗致密砂岩气藏提高采收率实验研究[J]. 天然气地球科学, 2015, 26(11): 2142-2148.

[84] 李明诚. 石油与天然气运移[M]. 北京: 石油工业出版社, 2004.

[85] 李熙喆, 万玉金, 陆家亮, 等. 复杂气藏开发技术[M]. 北京: 石油工业出版社, 2010.

[86] 庄惠农. 气藏动态描述和试井[M]. 北京: 石油工业出版社, 2009.

[87] 杨胜来, 魏俊之. 油层物理学[M]. 北京: 石油工业出版社, 2004.